不平衡网络异常数据代价敏感模型及研究

边婧 著

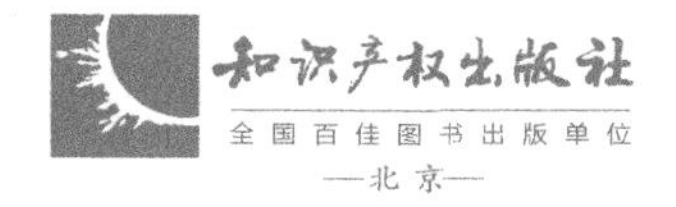

图书在版编目（CIP）数据

不平衡网络异常数据代价敏感模型及研究 / 边婧著. — 北京：知识产权出版社，2024.6

ISBN 978-7-5130-9275-3

Ⅰ.①不…　Ⅱ.①边…　Ⅲ.①计算机网络—交互技术—研究　Ⅳ.①TP393.094

中国国家版本馆CIP数据核字（2024）第030429号

内容提要

网络信息技术加速引领新一轮科技革命，同时其性能及服务质量要求也在不断提高，如何以安全大数据为基础，从全局角度提升对安全威胁的发现识别、理解分析、响应处置能力至关重要。本书针对网络异常数据中稀有类识别难题，尝试使用不同的数据简化方法及分类策略来提升稀有类的识别能力，为网络安全领域提供强大的工具，助力防御策略的精准实施。

本书可供网络安全分析与研究人员、对网络安全感兴趣的读者阅读。

责任编辑： 曹婧文　　　　**责任印制：** 孙婷婷

不平衡网络异常数据代价敏感模型及研究

BUPINGHENG WANGLUO YICHANG SHUJU DAIJIA MINGAN MOXING JI YANJIU

边　婧　著

出版发行：	知识产权出版社 有限责任公司	**网　　址：**	http：// www. ipph. cn
电　　话：	010－82004826		http：// www. laichushu. com
社　　址：	北京市海淀区气象路50号院	**邮　　编：**	100081
责编电话：	010－82000860转8763	**责编邮箱：**	laichushu@cnipr.com
发行电话：	010－82000860转8101	**发行传真：**	010－82000893
印　　刷：	北京中献拓方科技发展有限公司	**经　　销：**	新华书店、各大网上书店及相关专业书店
开　　本：	720mm×1000mm　1/16	**印　　张：**	9.5
版　　次：	2024年6月第1版	**印　　次：**	2024年6月第1次印刷
字　　数：	150千字	**定　　价：**	68.00元

ISBN 978－7－5130－9275－3

前　　言

随着通信技术的发展及异构网络的广泛融合，网络数据呈现爆炸式增长态势。虽然其中的异常事件属于稀有类，但仍会对国家、企业及个人造成严重打击并带来损失。如何提高稀有类数据识别率已成为网络安全领域亟待解决的问题。

本书以网络异常数据中的稀有类为研究对象，以稀有类的分类问题为切入点，以代价敏感学习为支撑，以概率论、混沌理论、信息论、统计学为理论基础，首先从数据特征入手，提出一种基于混沌遗传的代价敏感特征选择方法，设计了基于文化基因构架的高效代价敏感特征选择方法；之后从数据实例角度出发，提出适用于不平衡数据集的双向实例选择分层策略。上述策略及方法，能够对较大规模不平衡网络异常数据进行分类前的综合优化处理，从而有效提升后续异常分类识别的效果。本书主要工作及所取得研究成果包括以下三个方面。

①提出一种基于混沌遗传的代价敏感特征选择算法。

针对网络异常数据类不平衡问题，引入代价敏感学习理论到特征选择方法，聚焦于特征选择阶段的代价因素，设计出一种代价敏感特征选择算法 CSFSG，应用于网络异常数据分类。综合考虑网络异常事件识别过程中误分类代价及测试代价，借鉴贝叶斯理论，基于最近邻规则构造代价敏感适应度函数，利用混沌运动系统固有特性改进基于Tent混沌映射优化的遗传搜索策略，改善遗传搜索后期的收敛问题，以提高搜索速度。CSFSG注意两种代价均衡关系，以最小化总代价为目标。实验表明，CSFSG能够有效简化特征选择过程得到有助于稀有类异常数据识别的特征子集，进而达到可以降低算法运行成本、提高异常攻击识别精度的目标。

②提出基于文化基因构架的高效代价敏感特征选择算法。

针对大数据在资源受限环境中分析成本高、效率低的问题，改进基于文化基因构架的传统特征选择方法，引进贝叶斯理论构造代价矩阵，提出了一种以降低总误分类成本并提高分类性能为目标的高效代价敏感特征选择算法CFSM。该算法使用遗传算法进行全局搜索，引入误分类代价因子的总成本函数构造适应度函数，通过使用近似马尔科夫毯以信息相关系数为评价指标，微调增加相关特征，移除冗余或不相关特征，以提高最优子集寻优收敛速度。实验结果表明，CFSM在稀有类识别上表现出较好的性能。与基于遗传算法的传统文化基因架构下特征选择算法及代价敏感特征选择算法相比，该算法更加高效且能以更少的特征及误分类代价获得更高的分类精度。

③提出基于稀有类拓展的双向实例选择分层策略。

当不平衡的网络数据遇到大规模化问题，往往会造成网络异常攻击识别率降低，甚至失效。本书基于经典分层理论，提出基于稀有类拓展的双向实例选择分层策略。该策略根据实例类别选择多数类，然后借助属性与均匀分布随机点定理构造随机数表达式的方式将其拓展为iSMOTE稀有类，并使得数据集趋于平衡。实验结果表明该策略可以有效提高稀有类别实例数量和分类效果，尤其在处理数量特别稀少的稀有类及数据量整体规模较大的数据集时，其效果更加显著。

目　录

第1章　绪　论

自第一个计算机网络“APPA net”诞生以来，迄今为止计算机网络已经发展了半个多世纪。早期单纯只为军方和科研服务，伴随着全球信息化的快速发展和因特网的形成，更使得互联网及其相关技术得到了长足发展与广泛应用。思科（2019）索引曾预测2021年全球人均拥有3.5台计算机设备，全球互联网流量达到约每秒106b。它不仅联通了空间分散的海量孤立终端与系统，使得信息传输与知识共享变得非常“轻松”，更为重要的是，互联网、物联网和云计算技术的三网融合所形成的网络空间大数据（以下简称“网络数据”）深刻地改变了人们的生活方式（Shu，Ming，2016）。

近年来，移动智能终端与无线网络迅速发展，从某种程度上引发了一场新的信息革命。“信息膨胀”“知识爆炸”对互联网发展提出了更高的要求，推动互联网及其相关技术进入一个全新的高速发展期（Yao et al.，2016）。互联网技术已经成为信息时代最重要的公共战略资源，在各国政治、经济、军事、民生与科研等领域扮演越来越重要的角色。由此网络安全形势也随之发生变化，本部分从网络发展的角度开始，逐步分析新形势下研究的背景和对网络安全的要求，介绍研究背景和意义、国内外研究现状、主要研究内容、贡献及本书的组织结构等内容。

1.1 研究背景和意义

当前，网络信息技术加速引领的新一轮科技革命，正以前所未有的深度和广度引发全球经济社会多方位、全领域、深层次的技术创新和产业变革。随着IPv6、物联网、5G、工业互联网等新兴领域的蓬勃发展，新型网络技术的应用推进了计算机网络作为基础建设的关键环节广泛应用到各个领域，在全球经济和社会发展中有着举足轻重的地位。其管理需要不断完善且得到必要的保护，以免影响基础建设和实际通信等安全威胁。同时网络的性能及服务质量要求也在不断提高，及时感知网络安全态势，构建基于环境、动态、整体的安全风险防御体系，以安全大数据为基础，从全局角度提升对安全威胁的发现识别、理解分析、响应处置能力等的重要性日益凸显。

互联网的高速发展将越来越多的节点纳入网络体系当中，其数据传输规模之大、内容之丰富、形式之复杂，都已远远超出人们的预期。正如同随着联通城镇的增多，车流量的增大，交通运输网络会变得复杂容易混乱一样，互联网的发展也同样会遇到“成长的烦恼”，随即出现各种各样的发展中问题，网络攻击、信息安全就是其中表现最为突出，影响现阶段以及未来相当长一段时期内信息建设健康发展最为严重的掣肘（Qiu et al.，2016）。

社会和经济发展对互联网高度依赖，网络监控、网络漏洞、网络窃密、网络攻击等网络安全事故呈爆炸式增长。2016年9月，雅虎证实2014年至少有5亿用户信息被窃，到12月份又证实超过10亿用户信息在2013年被窃，至此泄露的用户信息超过15亿。2018年5月底，俄罗斯的黑客传播了名为PNFilter的恶意软件，可协调受感染的设备以创建大规模的僵尸网络，还可直接监视和操纵受感染路由器上的Web活动，这些功能可用于启动网络操作或垃圾邮件活动、窃取数据、制定有针对性的本地化攻击等，已影响超过50万台路由器。

2020年4月，葡萄牙跨国能源公司EDP（Energias de Portugal）遭到勒索软件攻击。攻击者声称，已获取EDP公司10TB的敏感数据文件，并且索要了1580的比特币赎金（折合约1090万美元/990万欧元）。面对信息技术应用和网络空间发展带来的安全风险和挑战，国家互联网信息办公室发布了《国家网络空间安全战略》，提出了“坚决捍卫网络空间主权，坚决维护国家安全”的战略任务，使得网络安全被提升到了战略层面。在严峻的网络安全形势和政府的高度重视下，网络安全问题已经成为研究热点。

虽然根据调查，2021年，在上网过程中未遭遇过任何网络安全问题的网民比例进一步提升，但从第51次《中国互联网发展状况统计报告》仍可以看到：2021年12月和2022年12月两次调查分别有38.0%和34.1%的用户曾经受过网络攻击，其中排在前三位的分别是：个人信息泄露、网络诈骗和设备中病毒或木马（图1.1）（中国互联网络中心，2023）。由于网络攻击导致信息系统异常甚至崩溃、国家企事业单位涉密资料泄露、个人隐私外泄的事件呈明显的上升态势，一次次网络安全事件的爆发使我们将更多的注意力从高速发展转向安全可靠。

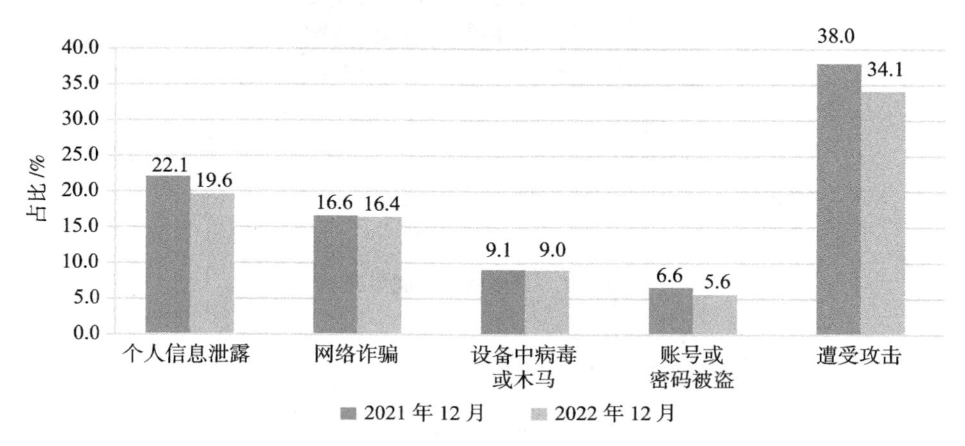

图1.1　网民遭遇各类网络安全问题比例

来源：中国互联网发展状况统计调查。

随着计算机网络规模的不断发展及新网络威胁涌现，简单化的网络安全技术已不能满足现有网络防护的需求。以IPv6为代表的下一代互联网技术应运而生，凭借其海量地址空间、内嵌安全能力等技术优势，为泛在融合、大连接的新形势下网络信息技术的创新发展提供基础网络资源支撑，已成为促进生产生活数字化、网络化、智能化发展的核心要素，吸引世界发达国家的广泛关注和大力投入（中国互联网络中心，2023）。截至2022年12月，我国IPv6地址数量达67369块/32，跃居全球第一位（中国互联网络中心，2023）。在丰富的IP地址资源为相关领域的发展提供了良好支撑的同时，2018年3月，美国安全厂商Neustar发现业内第一起基于IPv6协议的DDOS攻击，IPv6网络安全问题相继浮出水面，下一代互联网建设正面临安全挑战。图1.2描述了IPv6协议中各种类型漏洞的百分比。

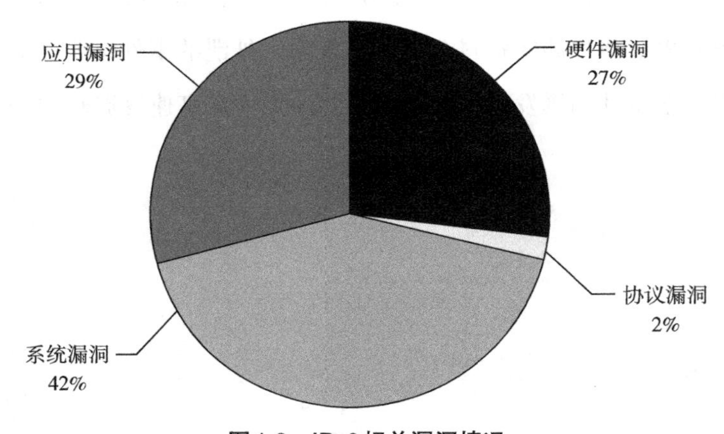

图1.2　IPv6相关漏洞情况

截至2019年7月，CVE（Common Vulnerabilities & Exposures）漏洞库已收录IPv6相关漏洞381条，涉及系统漏洞、应用漏洞、硬件漏洞、协议漏洞等不同层面，据通用漏洞评分系统（Common Vulnerability Scoring System，CVSS）的

评分，评分超过7的高危漏洞占比超过50%，安全攻击会对云计算等新技术产生负面影响（图1.3）。

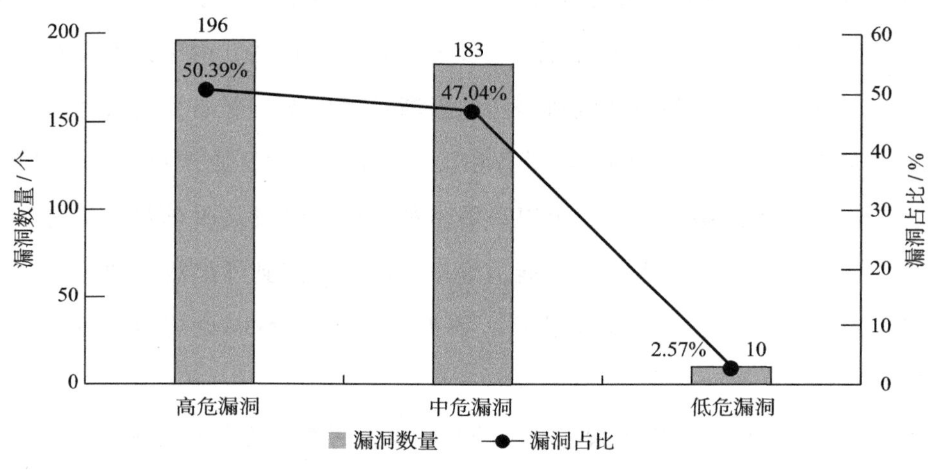

图1.3　不同威胁程度漏洞分布情况

在见证了互联网技术在智能电网、汽车互联网智能交通、5G通信技术等不同领域的重大发展的同时，物联网技术正在快速扩张。物联网（Internet of Things，IoT）为下一代网络基础设施奠定了基础，更方便了人们的生活，使未来城市的发展具有内在可持续性。到2022年，预计链接IP的设备总量是全球人口的三倍，每年将产生4.8ZB的IP流量；直到2025年物联网每年对全球经济的影响将高达11.1万亿美元（Cook et al.，2020）。物联网属于计算机领域，被视为互联网应用的扩展，它与设备或“事物”有关，设备间能够在不需要人类代理直接参与的情况下彼此数据通信。这类设备可能是传感器、制动器、电脑或“智能”物体的形式，能够观察内部和外部环境并与之互动。物联网之所以快速增长得益于一系列成本效用高的传感和计算解决方案的发展，这类方案能够在以前无法实现的环境中工作，更为下一代基础设施的可持续发展提供了技术解决方案。

但是，互联网的开放网络架构也吸引了大量恶意软件，智能基础设施面临多种威胁（Habibzadeh et al.，2019）。此外，高德纳（Gartner）研究表明，到2020年，基于IoT的攻击将占所有企业攻击的25%，凸显了对特有保护机制的需求（陆英，2018）。人们生活环境中充斥着这些设备，由于其不够安全所导致的各种终端安全和隐私威胁等问题逐渐暴露出来。例如，如果入侵者能够入侵车辆的网络系统，则车载设备和其承载的数据将面临严重的安全风险。一旦其进入汽车网络，攻击者可以采取多种手段操纵或篡改车载设备的正常功能，更为严重的是，入侵者可能诱导车载设备连接到外部数据源并窃取汽车所有者个人信息（包括信用卡）数据等，后果不堪设想（Ande et al.，2020）。

针对新型威胁应对支撑智慧城市的基础设施所面临的安全挑战已经变得非常必要，由此已做出许多努力来解决物联网安全的各个方面问题：例如安全框架、隐私保护、身份认证等（Aldweesh et al.，2020）。设计有效的安全系统面临两个挑战：首先，构成物联网系统的设备通常受到资源限制，从而使得实施复杂的安全管理及实时监控系统的活动能力均受到限制；其次，物联网系统的自组织特性允许设备在运行时连接到其他设备，通常是在很短的时间内创建一个协作网络。因此，物联网系统的安全调整应考虑这些因素以确保其有效性和实用性。

由于各种设备和通信协议传输数据的大量增加，在对物联网数据进行数据分析时，通常需要被部署识别系统周围直接环境中的传感器监控不寻常的状态。这类分析在智能交通管理、远程保健和辅助生活、高效智能能源管理和自动化工业过程等各种领域中都有应用。与台式电脑相比，物联网设备的数量增加容易，其爆炸式增长导致了基于物联网网络攻击事件激增。尽管现有物联网入侵检测具有诸多优势，但由于其独特的特性，如其电池电量、带宽和处理器开销较大，以及网络动态性较强，使得在实施入侵检测时面临诸多挑战，为了在保证精度的同时降低性能开销，需要在两者之间进行权衡。因此，实际应用中需要具体需求和场景来选择合适的入侵检测方案，以确保物联网系统的安全性和稳定性。

由此需要开发新技术以应对不断变化的网络环境及设备。机器和深度学习技术是针对物联网设备攻击较为合适的侦查检测方法。这个过程通常被称为新颖性检测、异常检测、离群值检测或事件检测。通过各种设备和通信协议传输的数据大量增加，引起了严重的安全问题，这就增加了开发先进入侵检测系统的重要性。

随着网络安全设备的普及和数据采集方式的多样化，网络数据不仅具有全球性、复杂性、时效性强等特性，更逐渐呈现大数据特质，如数量庞大、类型繁多、异构性强等（Zhang et al.，2020）。现有的异常检测方法大多针对特定应用场景，需要具备该方法及其实施环境的深入理解。这一点在络异常检测中尤为明显。传统的异常检测方法往往过于依赖专家知识和特定情境，这限制了其适应性和泛化能力。为了克服这一局限性，未来的研究需要在探索更为通用和自适应的异常检测方法的同时，结合专家知识和领域知识，提高异常检测的精度和可靠性，为网络安全的防范和应对提供有力支持。

同时，大规模未经分析的网络数据不仅不能有效反映网络状态等基础信息，反而增加网络管理员尤其安全防御的负担。采用合理有效的数据简化及过滤技术，能及时筛选出有价值的信息或特征，同时采用数据分析技术可获得高层次知识，进而全面掌握网络安全动态，发现攻击及异常行为，能对网络安全设置、资源配置等提供决策依据并预测以提高网络安全保障。

异常检测是指数据中不符合预期行为模式的识别问题。这类不一致的模式在不同领域通常称为异常、离群值、像差、不一致的观察结果、特例等。其中异常和离群值是异常检测中最常用的两个术语，某些时候可以互换使用。异常检测在多个领域被广泛应用，如网络安全的入侵检测、信用卡欺诈检测、保险或医疗保健、安全关键系统中的故障检测以及对敌方行为的军事检测等。图1.4展示了上面提到的与异常检测技术相关的系统分类。

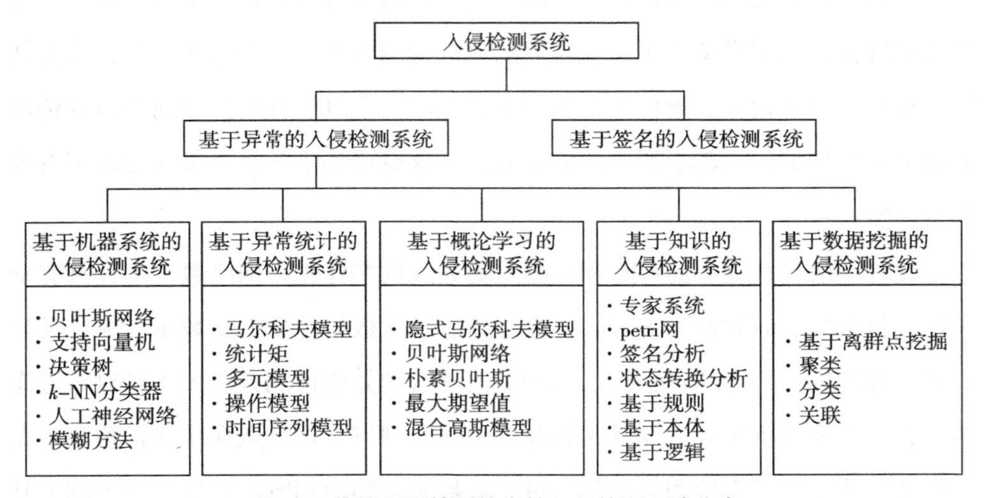

图1.4　使用不同检测技术的入侵检测系统分类

1.2　面临的挑战

1.2.1　多种安全问题挑战

思科（Cisco）曾预测过去5年互联网智能设备的数量增加一倍，从而使得数据流迅速增加五倍（Cisco，2019；Thang，Nguyen，2017）。人们利用网络来支撑工作和日常生活；公司业务需要在网络上运行；顾客足不出户即可购买服务和商品。然而随着计算机网络的蓬勃发展，有关安全问题也如雨后春笋般出现：DDoS攻击、注入攻击、僵尸网络攻击、蠕虫/病毒、垃圾邮件和服务终端等。

（1）分布式拒绝服务（Distributed Denial of Service，DDoS）

拒绝服务攻击（Denial of Service，DoS）利用超负荷资源或数据包，使机器崩溃或性能严重减慢，它是一种试图使网络资源不可用的攻击形式。分布式拒绝服务攻击（DDoS）即是分布在互联网上的大规模DoS攻击。最初，攻击者识别并利用一个或多个网络中的漏洞，在多台计算机上按照恶意程序，进行远程控制。随后，这些受感染的计算机被利用，向位于受感染的计算机原始网络目标发送攻击包，而这些攻击并不知道受损主机的情况（Tripathi，Hubballi，2018）。DDoS攻击被恶意方用来淹没受害者的网络服务，使其无法对目标用户提供服务，现在也被用作烟幕用于窃取用户数据或者知识产权。根据2013年研究报告，平均每年发生28个DDoS攻击，公司都要花费大量经费用于避免这些安全问题。

唐和阮（Thang，Nguyen，2017）提出了一种检测DDoS攻击的框架，该框架通过建立基于在线扫描过程的动态黑名单来检测DDoS攻击的某些特征。特里帕蒂和胡帕里（Tripathi，hubballi，2018）提出了使用卡方检验来检测HTTP/2协议的低速率拒绝服务攻击。纳杰法巴迪等（Najafabadi et al.，2017）则提出一种针对应用层DDoS攻击的检测方法，该方法通过分析HTTP Web服务器日志中用户请求资源的行为实例，利用主成分分析（Principal Component Analysis，PCA）技术来检测异常行为。佐洛图欣等（Zolotukhin et al.，2016）专注于应用层DoS攻击的检测，此类攻击使用加密协议，通过应用基于异常检测的方法，利用堆叠自动编码器算法从网络数据包头文件中提取统计信息。史拉尼等（Shirani et al.，2015）提出了利用时间序列和ARIMA模型检测Web服务DDoS攻击的方法。特里帕蒂等（Tripathi et al.，2016）利用训练和测试阶段所产生概率分布间的Hellinger距离来检测慢速HTTP DoS攻击。王晨旭等（Wang et al.，2018）提出了一种基于草图的应用层异常检测方案来检测DDoS攻击。该方案利用连续两个检测周期内草图的散度来检测异常的发生，设计了一个变异的Hellinger距离来测量散度，以减轻网络动态的影响。王等（Wang et al.，2017）为防止泛洪式App-DDoS攻击，提出了多特征信息熵预测模型；针对非对称攻击，提出了一种二阶马尔可夫检测模型。谢和唐（Xie，Tang，2012）提出了一种基于隐马尔可夫模型的Web用户浏览行为模型来检测DDoS攻击。也有学者研究认为用户的点击行为由马尔可夫状态表示，页面之间的超链接由不同的状态进行表示（Lin et al.，2019）。林等（Lin et al.，2019）提出了一种新的检测DDoS攻击的统计模型，称为节奏矩阵（Rhythm Matrix，RM）。该模型以数据流中包的规模和连续HTTP请求数据包为基础，来用来表示用户在打开和浏览网页时的行为模式。RM描述了用户访问轨迹碎片的分布情况，包括访问页面的顺序和在每个页面上花费的时间，利用RM中的变化率异常情况检测DDoS攻击，并根据其在RM中的滴点进一步识别恶意主机。

（2）注入攻击（Injection Attacks）

注入攻击即攻击者通过一个应用程序将恶意代码转发到另一个系统。这类攻击包括通过系统调用操作系统，再通过shell命令使用外部程序，以及通过SQL调用后端数据库（即SQL注入）等攻击（Minor，2010）。SQL注入（SQLI）构成了针对Web应用程序的一系列重要攻击。通过利用不充分的输入验证，攻击者可以直接访问应用程序底层的数据库（Wei et al.，2016）。

科奇客等（Kozik et al.，2015）提出了一种使用改进的线性判别分析法（Linear Discriminant Analysis，LDA）检测SQLI攻击的算法，包括使用奇异值分解（Singular Value Decomposition，SVD）降维，对模拟适应LDA投影向量计算的退火算法（Leonard et al.，2009）。科奇客等（Kozik et al.，2016）使用标记提取HTTP请求，并使用基于进化标记结合无监督算法来检测SQL和跨站点脚本

(XSS)攻击。王等（Wang et al.，2017）提出了一种名为FCERMining（Frequent Closed Episode Rules Mining）的新算法，用于挖掘频繁封闭事件的规则，并在Spark上处理大数据以快速发现有效规则。他们用SQLMAP map工具做实验以测试提出的方法对SQLI攻击的抵抗能力。袁等（Yuan et al.，2017）提出了一种检测和预防SQL攻击的综合三步法：首先，利用集成聚类模型将异常样本与正常样本进行分离。其次，利用word2vec算法对异常样本进行语义表示。最后，采用另一种多聚类方法将异常样本聚类为特定类型。

（3）僵尸网络攻击

机器人可以被看做计算机，同样也可以被恶意入侵，通过执行恶意代码命令，使机器人被联网形成一个僵尸网络，其拓扑结构则由恶意软件主人决定（Hadianto，Purboyo，2018）。僵尸网络与其他类型的攻击的不同之处在于其包含命令和控制（Command and Control，C&C），可以通过僵尸主机向机器人下达命令。机器人寻找无人看管的目标时总会隐藏起来，找到目标时，则向僵尸主控机发送报告（Hadianto，Purboyo，2018）。

于等（Yu et al.，2015）利用四参数半马尔可夫构建了一个模型，用于描述浏览行为。基于此模型，当攻击僵尸网络的活跃机器人数量达到一定规模时（尽管僵尸网络所有者往往难以满足模拟攻击条件），研究者们发现使用基于统计的方法来检测模仿攻击变得非常困难。由此得出结论，使用二阶统计指标，可以将模拟攻击与真实的突发攻击区分开来，并定义了一个新的相关指标。萨基布等（Sakib et al.，2016）提出了根据客户端生成的HTTP请求包和DNS服务器生成的响应包的统计特性来检测基于HTTP的C&C流量的方法。他们采用了三种不同的异常检测方法：切比雪夫不等式法、单类支持向量机（OCSVM）法和基于邻居的局部离群因子的最近邻法。

(4) 篡改攻击

篡改攻击即入侵者改变网页的视觉外观。往往商业竞争对手、叛乱分子和极端主义组织会通过这些类型的攻击，诽谤组织者的声誉，误导公众，修改主页内容。网页篡改攻击大致分为文字篡改攻击和图像篡改攻击（Gurjwar et al.，2013）。

梅德韦特等（Davanzo et al.，2011）考虑了学习数据的腐败问题，关于网站篡改攻击检测系统，给出了检测学习集是否毁坏的过程。随后达万佐等（Medve et al.，2007）提出了一个Web篡改监控服务的测试框架，使用不同的算法来生成项目的二分类（从特定URL下载文档）。算法评估包括：k次最近邻、局部离群值因子、Hotelling的t次方、Parzen窗、支持向量机和领域知识聚合，其中使用领域知识聚合、支持向量机、Parzen窗和Hotelling的t次方得到了最佳效果。

(5) 其他攻击

另外还有一些其他的攻击类型，服务中断有时是由外部攻击（如DDoS）引起的，有时是由内部软件或硬件问题引起的。它会造成预定用户无法使用网络服务，并造成经济损失。例如，AmazonAWS云服务终端，导致部分客户端宕机，并每次都发生使客户收入和信任遭受损失的情况。而蠕虫传播通常是从一个或多个源开始，并迅速扩展到网络中的大量主机。每个被感染的主机会尝试链接其他主机以尽可能快地传播蠕虫，从而消耗网络带宽或破坏计算机文件。

1.2.2 大规模数据挑战

在当今的网络环境中，为了有效地检测和防御各种网络的攻击和异常情况，已演变出多种方法。其中最基本的思路是监控网络流量捕获多种特征或模式，然后基于这些观测构建流量模型、签名或配置文件，根据不同异常行为构建不同检测基准。

传统防火墙是网络管理员通过比较数据包签名过滤进出网络的网络流量，检测蠕虫、恶意软件、基于端口的DoS攻击、非法连接和其他违反规则的数据包等问题。然而，防火墙在DDoS攻击、服务中断等方面用处不大，其设计对这些攻击和大量异常情况时无法做出及时响应（Leonard et al.，2009）。

在路由器上，我们可以使用如NetFlow等网络监测工具来收集流径的IP网络流量。通常这类工具能够在路由器上将IP包聚合起来再将它们导出到中央收集器或者监控中心，从而进行处理、分析，进一步研究。由于这类工具可以及时访问到恶意方发送的信息，因此是检测DDoS攻击和蠕虫传播等攻击的第一道防线。然而，这类监视工具有两个主要问题：一是对通信日志监控分析需要的时间较长，二是通常使用抽样技术来减少采集数据负担，这样较为简单的采样方法不考虑数据的重要程度、关联度等，从而会导致最终结果的偏差和不准确。

近年来，数据流算法逐渐被用于帮助检测网络攻击和异常情况。其主要思路是将网络流量建模为数据流，捕获流量的不同特征并通过数据流算法维持较低的空间和时间成本。此类算法克服了网络监控工具的部分缺点：它占用空间和时间较少，适用于高速网络监控中分析整个流量并针对特定问题相关的重要信息，从而产生可靠和较为准确的估计结果，而采样技术通常只对流量的一小部分起作用，可能导致偏差或拟合从而导致不同的数据流问题，如热点项/重点项、超级传播者、不同元素计数、动态成员查询、趋势监测等，通常根据不同的网络流量侧重不同监测的方向。例如，监控占用带宽较大的大象流量，监测DDoS攻击并控制服务质量。大象流可以被建模为数据流中的热点项，这些热点项被热点项算法识别的频率较高。另一个例子是服务终端监测，可以被建模为不同的元素技术问题，用于检测DDoS攻击并监控网络提供商的服务质量。

设计数据流算法抵御网络攻击和异常有以下几个挑战：

第一，互联网流量的庞大和高速限制了检测方法的空间和时间成本。设计算法必须具备快速处理数据（以线速度）并智能化节省空间和时间的能力。使用磁盘中保存数据的方法不可取，最低要求是算法能够装入内存中。在空间和时间的限制下，利用模糊或估计代替精确计算是最有效的技术，而估计的准确性则是另一个挑战。

第二，网络流量分布和监控的位置通常不同，人们往往希望能够将分布和监控的信息聚集在一起，以检测可能在单一位置的低调攻击。因此，设计的算法必须支持在低通信时的数据合并，且处理成本低不损失准确性。

第三，有时仅使用被动检测不够有效，还需要进行主动的目标识别，此时所设计的算法必须简洁可逆。由于聚集的数据信息掩盖了原始身份，很难保持或恢复目标的原始身份，通常要使用紧凑的数据结构来表示这些信息。

近年来，随着移动互联网、云计算、物联网、社交网络等新兴服务的快速发展，网络上的数据正以爆炸式的速度增长和累积。据国际数据公司统计，2013年全球的数据规模已经达到4.4万亿GB，而在2020年达到44万亿GB。大数据时代的到来不仅为传统安全问题提供了新的分析思路，也给现有的数据分析理论和方法带来了新需求和新问题。其中，数据的大体量高维度使得传统分析算法面临高存储、高计算复杂度、高通信开销等现实挑战。

为了应对上述挑战，学者们提出了随机化近似的方法。随机化近似包括两个方面：随机抽样和随机映射。随机抽样是通过特定的概率抽取原始数据的少量样本或维度；随机映射是通过数据与特定的随机矩阵相乘，将数据从高维空间映射到低维空间（Habibzadeh et al.，2019；陆英，2018；Ande et al.，2020；Aldweesh et al.，2020）。随机化近似方法本质是通过概率的方法用比原始数据小得多的概要来近似原始数据，从而在降低数据规模的同时还保持原始数据的大部分信息。由于建立在概率统计、矩阵分析的基础上，原始数据的信息保持性质有坚实的理论保证。另外，随机化近似方法由抽样或线性变换实现，还具有易于实现和并行化的良好计算特性。

针对大规模数据带来的挑战，本研究将随机化近似方法应用到聚类分析中所需解决的关键技术问题，设计适用于大规模数据的聚类算法及基于聚类的异常检测算法，为基于数据分析的网络安全防护提供技术保障，且具有重要的理论意义和实际应用价值。

由于网络范围和规模的持续增加，网络入侵威胁比以往任何时候都更加严重。因此，入侵检测系统被广泛用于探测和检测不同网络入侵类型，随着时间的不断推移而发展，以满足网络安全保障需求的不断变化。IDS可以分为基于主机的IDS（HIDS）和基于数据源方法的网络IDS（NIDS）（Liu，Lang，2019）。HIDS主要监控系统日志、系统调用跟踪等（Tran et al.，2018）。现代NIDS主要分为两类：基于规则的异常检测和基于统计的异常检测（Mahfouz et al.，2020）。前者将网络流量中所有已知攻击的特征和分类标记为“攻击”存到数据库中，与位置数据库中属性匹配判定攻击类型。这类NIDS可以高效、准确地识别攻击类型，但无法检测到新的攻击如瞬时攻击，这也是现代网络中的关键问题。由于基于NIDS的异常检测的原理是检测网络数据流中特征或分布的异常，有助于识别未知攻击，因此越来越受到关注。

机器学习技术被广泛用于基于NIDS的异常检测，不同的机器学习模型如支持向量机（Support Vector Machine，SVM）、随机森林（Random Forest，RF）、决策树（Decision Tree，DT）均被用于分辨正常和异常网络行为。然而，随着攻击类别的多样化和网络流量的激增，传统的机器学习等浅层学习技术已不再适合大规模NIDS的要求（Liu，Lang，2019）。

近年来，在全自动特征工程的优势下，深度学习成为研究的焦点。卷积神经网络（Convolutional neural networks，CNN）、多层感知器（Multilayer perceptron，MLP）和递归神经网络（Recurrent Neural Networks，RNN）也被用于网络入侵检测系统。文献的研究表明这些基于深度学习的网络入侵检测在处理大数据时能够取得更好的性能。但这些NIDS方案有以下缺点（Zhang et al.，2020）。第一，这类方法大多不提供准确的攻击类型作为分类结果。由于在实际系统中，不同攻击需要不同的防御机制，因此这样对“正常”或“异常”分类的检测结果不够充分。第二，KDD99或NSL KDD数据集收集自20年前，随着时间推移，技术不断进步，新攻击不断出现，使用过时的流量数据不能完全反映NIDS应用于现代网络时的实际性能。第三，仅使用一小部分数据集进行试验，未考虑系统在大数据环境下的性能。第四，没有解决类不平衡问题及其对分类性能的影响，特别是对于少数类样本，检测率降低显著。本书的工作重点是解决现代大数据监测系统中的类不平衡问题。

深度学习被定义为一种特殊的机器学习，较之机器学习有更大的优势。在浅层机器学习中，通常由专家识别特征，然后再编码成数据类型，这在处理大规模数据时是一项费时且困难的任务。浅层机器学习和深度学习的主要区别在于，深度架构能够在不同的处理层学习不同抽象级别的特征，而无须人工干预。因此，深层模型自动发现原始输入和输出之间复杂的关联和映射。

作为决策系统的重要一环，异常检测一方面可以降低风险和成本，一方面可以反映出许多关于异常的有价值信息，被应用于许多重要领域工业产品缺陷检测、基础设施故障检测、医疗诊断等。近年来，深度学习在学习高维数据、时间数据、空间数据和图像数据等复杂数据的表达性方面表现出了巨大的能力，推动了研究不同学习任务的边界。深度学习如卷积神经网络（Convolution Neural Networks，CNN）、递归神经网络（Recurrent Neural Networks，RNN）、自动编码器（Auto-Encoders，AE）和生成对抗网络（Generative Adversarial Networks，GAN）等方法用于异常检测即深度异常检测（Deep Anomaly Detection，DAD）。其目的是通过神经网络学习表征表示或异常分数，以进行异常检测。常用方法是只输入非异常样本来训练模型，学习模型在潜在空间中的特征分布，最后通过生成器、鉴别器或两者比较重构样本与异常样本之间的差异来识别异常。鉴别器输出概率也可以用作异常评估指标，但训练过后其可靠性会有所退化（Mattia et al.，2019）。

1.2.3 类不平衡问题挑战

目前的主流安全防护体系，无论防火墙（Firewall）、反病毒软件（Anti-virs）、还是入侵检测系统（Intrusion Detection System，IDS）等均是基于主机进行监控，对非法操作进行识别控制（Wang et al.，2015；Shu et al.，2016）。但是，作为保证网络安全重要手段的入侵检测系统处理较为稀有的恶意软件或者病毒攻击数据时，不仅由于其采取的防守方式被动而使得防御力下降，而且当遇到网络数据多维、不平衡等问题时，其异常识别能力大幅下降（Xia et al.，2022）；而作为主动防御方式的入侵防御系统（Intrusion Prevention System，IPS）则在预测精确度方面存在缺陷（Hu et al.，2016）。因此，对异常数据进行快速（准实时）、准确的识别与分类成为目前网络安全领域研究的热点。其中，异常事件的高效识别将大幅提升病毒库的更新速度，增强被动式防御能力，有效遏制网络攻击与病毒的快速蔓延，同时也为入侵防御系统等主动防御体系提供强有力的支撑，辅助异常事件的实时监控与预警，减少安全威胁。而分类作为数据挖掘领域应用最为广泛的预测性技术之一，能够根据数据集特点构造分类器，赋予未知样本类别，从而为下一步判断提供可靠依据。但在现实生活中，却往往需要在庞大的海量数据中寻找到对安全造成威胁的数据指标甚至意图，无异于大海捞针。故将网络异常数据的识别问题转化为不平衡网络数据的稀有类

(少数类)分类问题进行研究具有重要理论价值和现实意义(Wang et al., 2015;刘凯, 2014)。

近年来,稀有类分类亦即为类不平衡问题相关研究逐渐进入学者们的视线并取得了一定的成就。美国人工智能学会、国际人工智能大会等以类不平衡或不平衡数据集的相关研究为主题举办了一系列国际研讨会,比如:AAAI'00(Chawla et al., 2003)、ICML'03(Chawla et al., 2004)、ACM SIGKDD Explorations Newsletter'04(Thomas, 2012)、ICMLA'15(Weiss et al., 2016)、ICIP'22(Ahmadzadeh, 2022)。代价敏感学习是数据挖掘分类研究领域相对较新的研究方向,常被用于解决类不平衡问题。一般使用ROC曲线评估在类不平衡状态下的分类效果,此外,单类学习算法及不平衡状态下的特征选择也是研究重点。2009年在曼谷举办的ICEC'2009会议提出代价区间的概念,并重点讨论了类不平衡的错误代价等问题。2012年底在美国佛罗里达召开的CIPPF大会针对各大领域出现的类不平衡问题,对其过去、现状和未来发展做了讨论(Thomas, 2012)。近年来几乎每届数据挖掘或人工智能相关会议均会关注到类不平衡问题。深度学习的发展推动了机器学习的发展,并取得无与伦比的进步,在一定程度上成功地缓解了困扰机器学习和人工智能数十年的知识瓶颈。但传统学习系统中存在的类不平衡、概念复杂性、数据集大小和分类器性能之间的紧密依赖关系是否在深度学习方法中以任何方式得到缓解,仍有待研究(Ahmadzadeh, 2022)。

稀有类分类对入侵检测系统及入侵防御系统的性能改进提供了新的研究思路。网络规模的扩大化和多样化、网络数据大规模化、攻击手段的复杂化及异常数据的隐蔽化,均使得异常数据识别时难度和成本显著增加。如何从庞大的网络数据中分离出变种多样的异常数据,成为目前该领域研究热点及难点。类分布不平衡的入侵数据集可以通过采样技术或不平衡学习算法来解决,而近年来研究人员逐渐开始利用深度网络的独特特性来进行特征学习和分类。

1.2.4 多领域挑战

布罗德赫斯特等（Broadhurst et al.，2014）对从事网络犯罪的黑客团体进行了详细讨论，并概述了网络犯罪的可能性及意义，理论结合实践解决这些网络罪犯时遇到的困难及挑战，由此得出结论，以利益为导向的网络犯罪行为和国家行为者实施的网络犯罪较之典型的抗议行为更结构化且专业。虽然在松散的网络中进行网络犯罪更为容易，但仍会尽量在地理位置上接近彼此，甚至跨国攻击亦是如此。克里姆林和皮特（Krimmling，Peter，2014）关注减轻物联网协议的安全风险，例如，基于未来技术概念如智慧城市约束应用协议（Constained Applicaiton Protocol，CoAP）所提出的类似协议。他们提出了一种基于规则的模块化入侵检测框架，其研究结果倾向于一种混合的入侵检测方法，该方法结合了基于规则和异常入侵检测的优点。另外，这种入侵检测框架的主要功能是减轻路由攻击的影响。

有学者在会议中探讨了针对6LoWPAN固有安全缺陷如何实施入侵检测系统的一些建设性意见（Lee et al.，2012）。他们提出使用加密/解密技术和入侵检测系统保护物联网设备，但动力缺乏使得物联网设备无法支持复杂加密。宝拉等（Paula et al.，2005）强调无线传感网络应用广泛使其成为攻击者有利可图的目标，认为使用可以警告终端用户的入侵检测系统非常必要，并提出一个适应WSNs限制基于规则的入侵检测系统。尽管此系统准确性较高，但只能检测有限的攻击，如消息延迟、重复和虫洞攻击、干扰攻击、数据变更攻击、消息疏忽、黑洞和选择性转发/天坑攻击等。

堪萨斯和直达赫（Kansran，Chadha，2016）提出了一种基于通用网络的混合式入侵检测系统，通过了将基于签名和朴素贝叶斯数据挖掘算法应用于异常检测技术的Snort IDS。在评估不同数据挖掘技术（如聚类、分类和关联规则）

后选择朴素贝叶斯数据挖掘来解决异常问题。随后他们使用知识发现数据挖掘（KDD）CUP20数据集在知识分析Waikato环境（Waikato Environment for Knowledge Analysis，WEKA）下对提出的混合IDS进行了测试。之后评估了5种数据挖掘技术：神经网络、模糊方法、贝叶斯分类器、*k*最近邻聚类和决策树。他们仿真了这些数据挖掘技术并使用精确率、召回率及真阳率（True Positive Rates，TPR）进行了评估。

赵和葛（Zhao，Ge，2013）专注于煤矿中使用物联网网络的入侵检测灾难预警系统。他们建议使用免疫算法改进网络信息并在分类流量前先选择特征，之后使用黑色传播神经网络（Black Propagation Neural Network，BPNN）来确定哪些流量是恶意的，随后通过训练9周的网络流量数据，最终证明该分类器成功率高达97%。BPNN是一种非常重要的机器学习算法，但由于其对资源需求较高，难以在资源受限的设备上实现。

有学者提出了一种使用人工神经网络和模糊聚类技术的入侵检测系统提高精度和检测稳定性，减少攻击频率（Wang et al.，2010）。另外，他们并不关注物联网网络安全，但其研究使用了完整的KDD CUP 1999数据集，且精度及检测稳定性效果优于入侵检测技术决策树和朴素贝叶斯。

针对物联网网络，迄今学者们已经提出了多种入侵检测解决方法，其中大多数本质上不够完善存在缺陷（Surenda，Umamakeswari，2016）。拉扎等（Raza et al.，2013）提出一种基于6LoWPAN协议的物联网入侵检测系统即SVELTE，使用一种混合了特征和异常检测的检测方法，用于物联网入侵检测，在集成了微型防火墙并主要针对基于PRL协议的物联网上运行。但是，它只能检测如下沉攻击和选择传递攻击这类路由攻击。

萨兰达等（Surendar，et al. 2016）证明了先前提出的SVELTE和INTI在入侵检测阶段遇到丢包和设备部分参与问题，并提出一种基于物联网网络针对

6LoWPAN的入侵检测和响应系统，称为InDReS，使用证据理论及运行恶意节点检测测试数据包丢包率。实验显示，与INTI和SVELTE相比，改进后的系统具有更高的吞吐量，更低的丢包率，以及更高的数据包传输率。

1.3 异常检测现状

网络技术发展至今，现有网络服务已经改变了我们的生活方式，银行转账、预定航班、在线购物等日常生活均依赖于各种Web应用程序服务。为了保护Web应用程序的完整性、保密性和可用性，检测Web应用程序的攻击已经成为热门领域。现阶段已经开发出许多针对Web服务器或各种网络服务攻击的防御技术。异常检测技术是基于正常用户和应用程序行为建立模型，将偏离已建立模型的行为解释为恶意活动的技术。

基于检测原理，廖等（Liao et al.，2013）将入侵检测系统大致划分为三类：基于签名的检测（Singnaure-based Detection，SD）、基于异常的检测（Anomaly-based Detection，AD）和有状态协议分析（Stateful Protocol Analysis，SPA），这些方法的特点如下：

①基于签名的检测（Singnaure-based Detection，SD）：一个签名对应一个已知的攻击模式，定义为“将签名和观察到的事件进行比较，以识别可能发生事件的过程”（Scarfone et al.，2007）。SD选择名称标准是基于知识的检测或误用检测，这是由于使用了从前的入侵和漏洞中收集的知识。然而由于它们的模式是不熟悉的，且保持新知识既耗时且困难，因此不足以检测未知和已知入侵的变种（Aldweesh et al.，2020）。

②基于异常的检测（Anomaly-based Detection，AD）：异常指偏离正常的行为，异常检测定义为“将正常活动与观测到的事件进行比较，以确定显著偏差

的过程”（Scarfone et al.，2007）。AD也被称为基于行为的检测。一般由三个模块组成：a.参数化：表示在一个配置文件中观察到的行为，该配置文件由要调查的不同属性和特征元素组成，如网络连接、主机和应用程序（Surendar，Umamakeswari，2016）。b.训练：处理参数化的配置文件，建立区分正常行为和异常行为的分类模型。c.检测：利用所构建的分类模型检测新的流量异常（Kakavand et al.，2015）。

③有状态协议分析（Stateful Protocol Analysis，SPA）：SPA依赖于供应商开发的特定协议。一般SPA网络协议模型通常基于国际组织的协议标准，因此也称为基于规格的检测。

目前研究者们做了大量关于使用异常检测技术进行入侵检测的调查、比较研究和综述。约特斯那等（Jyothsna et al.，2011）概述了用于网络入侵检测的基于异常的主要技术及其操作架构，并提出了处理基于目标系统行为模型的分类方法。卡卡万德等（Kakavand et al.，2015）概述了HPPT Web服务异常检测所使用的数据挖掘方法，得出结论是大多数研究没有使用可以重复试验的公共数据集。而那些使用了公共数据集的研究表明，大多数入侵检测技术都有很高的准确率，但这些研究却没有使用不同数据集重复试验进行验证。桑林和瓦苏马蒂（Samrin，Vasumathi，2017）回顾了KDD CUP’99数据集上应用不同异常检测技术的结果。

异常检测算法在商业、科学和安全领域有广泛的应用，在这些领域中对异常值检测的结果进行隔离是至关重要的。本书以下首先概述该领域的相关工作，随后对异常检测技术进行了定义和分类，最后详细介绍了在不同研究中检测到的主要算法和技术。异常检测过程使用不同的策略和技术来实现最终目标，包括：聚类算法、分类、降维、使用辅助技术等。

1.3.1 相关工作

帕特尔等（Patel et al.，2013）对云环境中IDS进行了系统的综述，主要关注了将入侵检测与预防系统（Intrusion Detection and Prevention System，IDPS）部署到云计算环境中所需要满足的条件。但论文却没有明确说明使用哪种系统化方法用于搜索文献来源，也没有定义获取信息的具体协议。拉加夫等（Raghav et al.，2013）系统地综述了云计算环境中的入侵防御系统（Intrusion Prevention System，IPS）。同样，此综述并没有明确表示使用了收集资料的具体方法，也没有提出初步问题所需的完整答案。

2007年，帕查和帕克（Patcha，Park，2007）调查了异常检测技术并详细介绍了当时的现有技术，但没有提及研究中使用的数据集及用于验证实验的部分指标。2009年，昌多拉等（Chandol et al.，2009）调查了广泛知识领域的异常检测研究。尽管这是一项伟大的工作，但却过于笼统，没有包括通过检测异常来预防Web攻击等研究领域中的一些重要方面，如使用的数据集、度量标准等。2018年，乔斯等（Jose et al.，2018）综述了各种基于异常的主机入侵检测系统。费尔南德斯等（Fernandes et al.，2019）回顾了与异常检测相关的最重要部分，涵盖了背景分析的概述，以及该区域内最新相关技术、方法和系统的核心研究，同时还讨论了IDS及其类型的描述方式。权等（Kwon et al.，2019）研究了将深度学习技术用于基于异常的网络入侵检测；但只描述了KDD CUP'1999和NSL-KDD数据集，却没有回顾其他数据（Tavallaee et al.，2009）。

2018年，伊拉西塔诺等（Ieracitano et al.，2018）提出了一种创新的统计分析驱动优化的入侵检测深度学习系统，利用大数据可视化和统计分析方法提取优化的、相关性更强的特征，然后采用深度自动编码器（deep autoencoder，AE）检测潜在威胁。其特别利用了预处理模块消除异常值并将分类变量转换为编码向量。2020年，伊拉西塔诺等（Ieracitano et al.，2020）将传统数据分析和统计技术结合起来，改进了机器学习（Machine Learning，ML）方法，即采用深度学习（Deep Learning，DL）技术与统计分析相结合。在两项研究中都使用了NSL-KDD数据集。

克莱赛特等（Khraisat et al.，2019）对当代IDS进行了分类，全面回顾近期工作，并概述了常用数据集及攻击者常使用的逃避技术。艾哈曼德等（Ahmed et al.，2016）概述了不同的网络异常检测技术，以及KDD CUP’1999和NSL-KDD的各种替代数据集。然而，像CSIC 2010这样的数据集并不包括在这项工作中，用于验证所审查的各种研究指标也未列在本研究中。

1.3.2 定义和分类

客图和德什潘德（Kotu，Deshpande，2019）定义异常检测为“在给定数据集中发现异常值的过程”。离群值是在数据对象中不符合数据集中预期的行为，突出并与数据集中的其他对象显著不同的数据对象。因此，一个离群值总是根据在数据集中的其他对象的上下文而定义。

(1) 异常检测算法的类型

根据目的不同，通常对异常检测算法进行如下分类（Hodge，Austin，2004）：

①监督算法（Supervised algorithm）：监督算法为输入数据和预测之间的关系建模，预测向模型提供新的输入数据时可能获得的输出值。预测是从带类标的训练数据中学习数据间的相互关系。监督算法有：最近邻（Nearest Neighbor）、朴素贝叶斯（ Naive Bayes）、决策树（Decision Trees）、线性回归（Linear Regression）、支持向量机（Support Vector Machines，SVM）、神经网络（Neural Networks）等。

②无监督算法（Unsupervised algorithm）：由于训练数据没有类标可供算法进行学习，所以此类算法对输入数据进行模式检测。无监督算法的有：关联规则和k平均值等。

③半监督算法（Semi-supervised algorithm）：半监督算法使用小类标标记数据和未标记数据作为训练集的一部分，此类算法研究由包含结构信息的无标记数据比那些只使用类标的数据生成预测模型是否更好。半无监督算法有：产生式模型、低密度分离和基于图的方法。

④强化算法（Reinforment algorithm）：目标是开发一个系统（称为agent），该系统旨在通过执行与环境交互的特定任务，以提升其效率，并获取适应其行为的反馈。当代理收到反馈时，它必须制订正确的策略（称为policy），使其在所有可能的情况下都能获得正反馈。常见的强化算法有：Q学习、时序差异（Temporal Difference，TD）和深层次的对抗网络。

检测给定数据集异常的过程中常使用不同的辅助技术（Hu，Zahorian，2010）：

①特征提取（Feature extraction）：包括N-grams、词袋、多特征信息熵预测模型等。

②降维（Dimensionality reduction）：包括主成分分析法（Principal Component Analysis，PCA）、随机映射、扩散映射等。

③参数估计（Parameter estimation）：包括有限内存Broyden-Fletcher-Goldfarb-Shanno （L-BFGS）算法等。

④正则表达式生成器（Regular expression generator）：包括简单（SREG）和复杂表达式生成器（CREG）。

（2）异常检测算法的优点

根据加西亚-特奥多罗等（Garcia-Teodoro et al.，2009）的研究，基于签名的方案能够对特定的、众所周知的攻击提供很好的检测结果，但却不能检测新的入侵，即使它们被构建为已知攻击的最小变种。反之，异常检测算法能够检测出之前未发现的入侵事件。然而，基于异常的系统的假阳性率（事件被错误地归类为攻击，FP）通常要高于基于签名的系统。

异常检测过程意味着使用不同的策略和技术来实现最终目标：聚类算法、分类算法、降维、使用辅助技术等。下面将详细介绍在不同研究中检测到的主要算法和技术。

1.3.3 聚类算法

聚类是对一组对象进行分组，使同一组中的对象比其他组（簇）中的对象更相似（Trillo et al.，2023）。通过比较聚类算法模型生成的新数据，确定是否是一个异常点（找到该异常点的方式取决于使用聚类算法的类型，可能是距离也可能是概率）。最常用的聚类算法有以下几种。

① k平均法（k-Means）：k平均法是一种无监督分类（聚类）算法，它根据对象的特征将对象分成k个组。该算法通过最小化每个对象与其组或聚类质心之间的距离总和来完成聚类，通常常使用距离平方。k平均算法解决的是优化问题，优化（最小化）的函数是每个目标到其聚类质心二次距离的总和（Uniovíedo，2020）。

聚类目标用n维的实向量表示$(x_1,x_2,\cdots,x_n)$，k平均算法构建k个组$S=\{S_1,S_2,\cdots,S_k\}$，其中目标到质心的距离和最小。问题可以表述为

$$\min_S E(\mu_i)=\min_S\sum_{i=1}^{k}\sum_{x_j\in S_i}\|x_j-\mu_i\|^2 \tag{1.1}$$

当S是一组数据时，其元素是由向量表示的目标对象x_j，其中每个元素表示一个特征或属性。将得到具有相应质心μ_i的k个组或簇（Uniovíedo，2020）。从

数学的角度出发，在质心的每次更新中，对函数$E(\mu_i)$加入约束条件，并将每组元素的平均值作为一个新的质心，因此二次函数为：

$$\frac{\partial E}{\partial \mu_i} = 0 \Rightarrow \mu_i^{(t+1)} = \frac{1}{\left|S_i^{(t)}\right|} \sum_{x_j \in S_i^{(t)}} x_j \tag{1.2}$$

②高斯混合模型（Gaussian Mixture Model）：高斯混合模型是一种概率模型，用于表示总种群中正态分布的子种群。混合模型通常不需要知道数据点属于哪个子种群，允许模型自动学习子种群并建模。由于子种群的分配是未知的，因此是一种无监督学习形式。高斯混合函数由几个高斯函数组成，将数据集中分成k组，有$k \in \{1,\cdots,K\}$。每个高斯函数K由均值向量μ，协方差矩阵$\sum$和混合概率权重因子π确定；其中μ用于定义其中心，$\sum$用于定义其宽度，π用于定义高斯函数的大小。混合系数是概率性的，必须满足以下条件：

$$\sum_{k=1}^{K} \pi_k = 1 \tag{1.3}$$

一般情况下，高斯密度函数定义如下：

$$N\left(x \mid \mu, \sum\right) = \frac{1}{(2\pi)^{D/2}\left|\sum\right|^{1/2}} \exp - \left[\frac{1}{2}(x-\mu)^{\mathrm{T}} \sum^{-1} (x-\mu)\right] \tag{1.4}$$

其中，x为数据点，D为每个数据点的维数。μ是均值，$\sum$是协方差。

③马氏距离（Mahalanobis Distance）：马氏距离是一个多变量距离度量，即度量点（向量）和分布之间的距离。马氏距离最常见的用法是利用两个或多个变量的不寻常组合，寻找多元离群值，其正式定义为

$$D^2 = (x - m)^{\mathrm{T}} \cdot \boldsymbol{C}^{-1} \cdot (x - m) \tag{1.5}$$

其中，D^2是马氏距离的平方，x是观测矢量，m是独立变量的向量的平均值，$\boldsymbol{C}^{-1}$是独立变量的协方差矩阵。

④AP聚类算法（Affinity Propagation）：AP聚类算法是基于数据点间“信息

传递”的一种聚类算法，在运行算法之前不需要确定簇的数量。可将数据点看作是一个网络，数据点间互相传递信息（Frey，Dueck，2007）。信息的主体是确定范例，即聚类中心，可以“更好地”解释其他数据点的点，它们是聚类中最重要的点。由所有数据点通过信息传递共同确定哪些数据点可以作为它们的范例，而这些消息则保存在两个矩阵中：

a.职责矩阵（Responsibility Matrix）$\boldsymbol{R}$，矩阵中，$r(i,k)$表示如何调整点k为点i的范例。

b.有效矩阵（Availability Matrix）$\boldsymbol{A}$：$a(i,k)$表示点i选择点k作为范例的准确性。

令$(x_1,x_2,\cdots,x_n)$是一组数据点，不假设内部结构，s是度量两个点相似性的函数，设$s(x_i,x_j)>s(x_i,x_k)\Leftrightarrow x_i$，则$x_i$比$x_k$更相似。两个数据点之间相似度的信息为

$$s(i,k)=-\left\|x_i-x_k\right\|^2 \tag{1.6}$$

即定义为两个实例之间的欧几里得距离的负数。任何两个实例之间的距离越大，它们之间的相似性就越小。s的对角线$s(i,i)$表示输入的偏好，即给定输入变成范例的概率。当为所有条目设置相同的值时，可以控制算法产生多少类。越接近可能的最低相似性的值生成的类越少；而越接近或者高于可能的最大相似性值生成的类越多。通常要初始化所有元素对应的中值相似度。

该算法在两个消息传递阶段交替更新职责矩阵和有效矩阵。两个矩阵都要零初始化，并作对数概率表。这些更新是在迭代基础上执行的：

首先，发送职责更新：

$$r(i,k)\leftarrow s(i,k)-\max_{k'\text{s.t.}k'\neq k}\left[a(i,k')+s(i,k')\right] \tag{1.7}$$

随后，有效更新：

$$a(i,k) \leftarrow \min\left\{0, r(k,k) + \sum_{i' \notin \{i,k\}} \max\left[0, r(i',k)\right]\right\} \tag{1.8}$$

令$i \neq k$且

$$a(k,k) \leftarrow \sum_{i' \neq k} \max\left[0, r(i',k)\right] \tag{1.9}$$

执行迭代直至在一系列迭代中簇边界保持不变，或者达到预先给定的迭代次数。由此得到职责和有效性之和的范例：$(r(i,i) + a(i,i)) > 0$。

⑤基于密度的噪声应用空间聚类（Density-based spatial clustering of applications with noise，DBSCAN）：是一种基于密度的聚类算法，它从相应节点给定的密度分布开始查找若干组（簇）（Ester et al.，1996）。基于两个参数进行聚类：邻域（Neighbourhood），一个点与核心点的截止距离，将其视为聚类的一部分。通常简称为ε。最小点（Minimum points），组成一个簇所需的最小点数。通常简称为minPts。

在DBSCAN聚类完成后，有三种类型的点：核心（Core），是一个在与自身的距离内至少有minPts的点。边界（Border），是一个在距离ε内至少有minPts的点。噪声（Noise），是一个既不是核心也不是边界的点。在距离ε内有少于minPts的点。

DBSCAN可以总结为以下步骤：算法从没有访问过的任意点开始。这个点的邻域是有限的，如果它包含一些特定点，一个簇就从它开始。否则，此点被标记为噪声。需要注意的是，这里有问题的点可能属于另一个邻域，而不是对应簇中的特定邻域。如果一个点包含在一个簇的密集部分，它的邻域也是簇的一部分。因此该邻域内的所有点都被添加到簇中，这些足够密集的点的邻域也是如此。这个过程一直持续到完全构建一个紧密连接的簇为止。随后，系统会访问并处理未被访问的新点以发现另一个簇或者噪声。

⑥基于最近邻的局部离群值因子（Nearest Neighbor based Local Outlier Factor)：局部离群值因子（Local Outlier Factor，LOF）局部性由k个最近邻给出，基于局部密度概念（Breunig et al.，2000）。根据近邻之间的距离来估计密度。如果一个物体的密度值与它邻居的密度值相似，那么该区域被认为是密度相似区域。如果一个物体具有密度值的点远低于它的邻居所获得的值的点，那么则被识别为是异常点。LOF的计算步骤如下：

a.计算两个观测值之间的距离。

b.找到第k个最近邻观测；计算观测值与k近邻之间的距离。

c.计算对象p和o之间的可达距离。

$$\text{reach}-\text{dish}_k(p,o)=\max\{k-\text{distance}(o),d(p,o)\} \tag{1.10}$$

d.计算局部可达密度（Local Reachability Density，LRD）：它是从相邻点到单个点在任何方向上的最优距离。对象p的局部可达性密度是基于对象p的最近邻（最小对象数）（Minimum Number of Objects，MinPts）的平均可达距离的倒数。

$$\text{LRD}_{\text{MinPts}}(x)=\frac{1}{\left(\frac{\sum_{o\in N_{\text{MinPts}(p)}}\text{reach}-\text{dist}_{\text{MinPts}(p,o)}}{\left|N_{\text{MinPts}(p)}\right|}\right)} \tag{1.11}$$

e.计算局部离群因子（Local Reachability Density，LOD）：它是p和p最近邻局部可达密度率的平均值，捕捉了我们将p做为异常点的程度。

$$\text{LOD}_{\text{MinPts}}(p)=\frac{\sum_{o\in N_{\text{MinPts}(p)}}\frac{\text{LRD}_{\text{MinPts}(o)}}{\text{LRD}_{\text{MinPts}(p)}}}{\left|N_{\text{MinPts}(p)}\right|} \tag{1.12}$$

⑦期望-最大化（Expectation-Maximization，EM）：EM算法是在数据不完整、缺少数据点或未观察到、存在隐藏变量时，为模型参数找到最大似然估计的一种方法。这是一种近似最大似然函数的迭代方法（Dempster et al.，1977；Gupta，Chen，2011）。算法的基本步骤是：

a.对模型的参数进行初步预测，并建立一个概率分布（E-step）。

b.在达到稳定之前，执行：

1）添加新观察到的数据到模型中。

2）调整E-step的概率分布包含到新数据中（M-step）。

正式给出统计模型，生成一组观测数据X，一组未观测的潜在数据或缺失值Z，和一个未知参数的向量θ，以及一个似然函数$L(\theta;X,Z)=p(X,Z|\theta)$，通过最大化观测数据的边际似然来确定未知参数的最大似然估计（MLE）（Rahul，Narukulla.，2018）。

$$L(\theta;X)=p(X|\theta)=\int p(X,Z\theta)\,\mathrm{dZ} \tag{1.13}$$

EM算法通过迭代计算来找到最大MLE：

c.期望步骤（E-Step）：定义$Q(\theta|\theta^{(t)})$作为θ对数似然函数的期望值，关于给定X的当前条件分布Z和参数的当前估计参数$\theta^{(t)}$。

$$Q(\theta|\theta^{(t)})=E_{Z|X,\theta^{(t)}}\left[\log L(\theta;X,Z)\right] \tag{1.14}$$

d.最大化步骤（M-step）：找出最大化的参数：

$$\theta^{(t+1)}=\arg_{\theta}Q(\theta|\theta^{(t)}) \tag{1.15}$$

1.3.4 分类算法

分类是一种重要的数据分析技术。数据分类是一个两阶段的过程，包括学习阶段（构建分类器模型）和分类阶段（使用模型预测给定数据的类标号）。其中，学习阶段具体分为3个基本过程：数据选择、特征选择、分类模型的构建。目前最常用的分类器有决策树分类器、Logistic回归、贝叶斯分类器、支持向量机等，这些分类器在不同的分类领域均取得了较好的效果。

分类算法思想很简单：通过分析训练数据集来预测目标类。利用训练数据集获得更好的边界条件，有助于确定目标类。当边界条件确定后，就可以预测目标类。新数据的分类是否异常，取决于它被分类的类别。

所有的分类算法都可以扩展为分类函数的算法，这些算法接受训练集并学习如何形成分类规则：$f:R^n \rightarrow \{-1,+1\}$。此函数应用于新输入，值表示对输入进行分类的类别（Duda，Hart，1973）。最常用的分类算法有：

①单类支持向量机（One Class Support Vector Machine，OCSVM）：用OCSVM进行检测是一种新颖的检测方法（Schölkopf et al.，1999）。其核心思想是检测稀有事件，这些事件发生频率极低，因此可用的有效样本非常有限。在处理此类问题时，传统分类器通常无法有效工作。因此，需要找到一种函数，能够在点密度高的区域判定为正样本，在点密度小的区域判定为负样本。

有如下数据集：$\Omega=\{(x_1,y_1),(x_2,y_2),\cdots,(x_n,y_n)\}$；$x_i \in R^d$多维空间，其中$x_i$是第$i$个输入数据点，$y_i \in \{-1,1\}$是第$i$个输出，表示类的隶属度。

SVM可以通过非线性函数将数据投射到更高维度的空间，从而创建非线性的决策边界。这意味着在原始空间I中不能被直线分离的数据点被提升到特征空间F中，此处有一个直线超平面将一类数据点与另一类数据点分离开来。当这个超平面被投影回输入空间I时，它是非线性曲线的形式。

OCSVM将所有的数据点从原点（在特征空间F中）分离出来，并使该超平面到原点的距离最大化。它所产生的二元函数捕获输入空间中数据概率密度所在的区域。

②隐马尔可夫模型（Hidden Markov Model，HMM）：HMM是一种统计模型，它假设被建模的系统是一个参数未知的马尔可夫过程。目标是从可观察参数中确定该字符串的隐藏参数。在一个正常马尔可夫模型中，状态对观察者是直接可见的，所以状态之间的转移概率是唯一的参数。在隐马尔可夫模型中，状态不是直接可见的，只有受状态影响的变量是可见的。每个状态在可能的输出符

号上都有一个概率分布。因此，HMM生成的符号序列提供了关于状态序列的信息（Franzese，Iuliano，2019）。

HMM形式是一个五元组(S, V, π, A, B)，特征如下（Rabiner，Juang，1986）：

a. $S = \{S_1, S_2, \cdots, S_N\}$为状态集，其中$N$为状态数。三元组$(S, \pi, A)$表示一个马尔可夫链；这种状态是隐藏的，无法直接观察到。

b. $V = \{V_1, V_2, \cdots, V_M\}$是可能观测符号的离散集，其中$M$表示观测个数。

c. $\pi: S \to [0,1] = \{\pi_1, \pi_2, \cdots, \pi_N\}$为状态的初始概率分布。它给出每个状态开始的概率，预测：

$$\sum_{s \in S} \pi(s) = \sum_{i=1}^{N} \pi_1 = 1 \tag{1.16}$$

d. $A = (a_{ij})_{i \in S, j \in S}$是状态$S_i$向状态$S_j$移动的转移概率。可以预计，对于每个$S_i$和$S_j$有$a_{ij} \in [0,1]$，且对$S_j$有$\sum i \in S^{a_{ij}} = 1$。

e. $B = (b_{ij})_{i \in V, j \in S}$是发射概率，符号$v_i$出现在状态$S_j$中。

f. 模型做了两个假设：

1）马尔科夫假设：表示模型的内存，因此当前状态只依赖于前一种状态：

$$P(q_t | q_1^{t-1}) = P(q_t | q_{t-1}) \tag{1.17}$$

2）独立性假设：t时刻的输出只依赖于当前状态，与以前的观测和状态无关：

$$P(o_t | o_1^{t-1}, q_1^t) = P(o_t | q_t) \tag{1.18}$$

③ k近邻（k-Nearest Neighbors，k-NN）：k-NN算法根据训练集特征空间中最近对象的结果或几个最近对象的结果对新对象进行分类（Altman，1992）。一个对象由它邻居的多数投票来分类，新对象被分配给它的k个近邻中最常见的类（k通常是一个很小的正整数）。邻居取自正确分类的一组对象。在分类阶段，k是一个用户定义的常数，对给定特征的新对象进行分类，将k个训练样本中最接近该新对象的最频繁的标签赋给该新对象。连续特征使用欧几里得距离

作为距离度量，离散特征使用汉明距离。输入用例被分配给概率最大的类。

④朴素贝叶斯（Naive Bayes）：朴素贝叶斯分类器基于贝叶斯定理，假设预测类别之间独立（Webb et al.，2005）。贝叶斯定理提供一种根据$P(c)$、$P(x)$和$P(x|c)$来计算后验概率$P(c|x)$的方法。朴素贝叶斯分类器假设预测实例的值对给定类别的影响不依赖于其他预测实例的值，即类条件独立性：

$$P(C_k|x)=\frac{p(C_k)\,p(x|C_k)}{p(x)} \tag{1.19}$$

a. $P(C_k|x)$是类给定预测实例的后验概率。

b. $P(C_k)$是类的先验概率。

c. $P(x|C_k)$为似然，即预测给定类别的概率。

d. $P(x)$是预测实例的先验概率。

由于分母不依赖于C，且已知特征值x_i已给定，因此分母为常数。分子等价于联合概率模型$P(C_k,x_1,x_2,\cdots,x_n)$，用链式规则：

$$\begin{aligned}
&P(C_k,x_1,x_2,\cdots,x_n)\\
&=p(x_1,x_2,\cdots,x_n,C_k)\\
&=p(x_1|x_2,\cdots,x_n,C_k)\\
&=p(x_2,\cdots,x_n,C_k)\\
&=p(x_1|x_2,\cdots,x_n,C_k)\,p(x_2|x_3,\cdots,x_n,C_k)\,p(x_3|x_4,\cdots,x_n,C_k)\\
&=\cdots\\
&=p(x_1|x_2,\cdots,x_n,C_k)\,p(x_2|x_3,\cdots,x_n,C_k)\cdots p(x_{n-1}|x_n,C_k)\,p(x_n|C_k)\,p(C_k)
\end{aligned} \tag{1.20}$$

假设x中所有特征彼此独立，依赖于类别C_k，有：

$$p(x_i|x_{i+1},\cdots,x_n,C_k)=p(x_i|C_k) \tag{1.21}$$

因此，联合模型可以表示为；

$$\begin{aligned}
&p(C_k|x_1,\cdots,x_n)\,\alpha p(C_k,x_1,\cdots,x_n)\\
&=p(C_k)\,p(x_1|C_k)\,p(x_2|C_k)\,p(x_3|C_k)\cdots\\
&=p(C_k)\prod_{i=1}^{n}p(x_1|C_k)
\end{aligned} \tag{1.22}$$

此处α表示比例。

1.3.5 神经网络

神经网络是由神经元或节点组成的网络或回路，或现代意义上的人工神经网络（Hopfifield，1982）。神经元之间的连接被建模为权重。正权重表示的是兴奋性联系，而负权重导致的是抑制性联系。线性组合（Linear Combination）对所有输入进行修改，并施加相应的权重，然后对修改后的输入进行求和。激活函数用于控制输出的振幅。当神经网络接收到一个新的异常数据时，由于是在进行处理正常数据的训练，所以它会产生较高的均方差（Mean Spqare Error，MSE）。基于神经网络的模型较多，此处简单介绍两种：

①堆叠式自动编码器（Stacked Auto-encoder）：自动编码器是一种无监督的学习结构，包含三层：输入层、隐含层和输出层。堆叠式自动编码器是由神经网络中多个隐藏层的自动编码器组成的。每一隐含层的输出连接下一层的输入。隐含层由无监督算法进行训练，然后有监督方法优化。堆叠式自动编码器主要由三个步骤组成（Liu et al.，2018）：

a.通过输入数据对第一个自动编码器训练，学习到特征向量。

b.将前一层的特征向量作为下一层的输入，重复这个过程，直到训练完成。

c.在训练完所有的隐含层后，使用BP（Backpropagation Algorithm）算法最小化代价函数，用带标记的训练集更新权值，实现微调（Puig-Arnavat，Bruno，2015）。

②Word2vec：Word2vec是一个两层神经网络，它通过将单词转换为向量来处理文本。它的输入是一个文本语料库，输出是一组向量：表示该语料库中单词的特征向量。在向量空间中Word2vec将相似单词的向量分组（Mikolov et al.，2013）。有两种不同的体系结构以分布式的方式表示单词：连续词包（Continous Bag of Words，CBOW）和连续跃格（Continuous Skip-Gram）。Word2vec可以使用任何一种。根据所选择的体系结构，单词预测以不同的方式进行：在CBOW体系结构中，预测是基于上下文单词窗口进行的，而不受这些上下文单词的顺序影响。在跃格结构中，周围的上下文单词是根据当前单词预测的，附近的单词在上下文中比远处的单词有更大的权重。

1.3.6 特征选择和提取

将特征作为算法输入的特定变量。特性可以是从输入数据中选择原始数值，也可以是从该数据衍生的数值。特征提取是从一组初始的测量数据开始，构建旨在提供信息和非冗余的衍生数值（特征），促进后续的学习和泛化。在特征选择和提取模型中，根据模型中存在的冗余度定义异常，对语义信息进行多种方式建模。下面列出用于选择特征和提取特征的最常用的算法和技术。

① *N*-Grams：由n个连续的元素组成的一个文本样本；基于概率语言模型，以$(n-1)$阶马尔可夫模型的形式对序列中的下一个元素进行预测。*N*-Grams模型基于$x_{i-(n-1)},\cdots,x_{i-1}$预测$x$，即：$P(x_i|x_{i-(n-1)},\cdots,x_{i-1})$。公式：给定一个序列$S=(s_1,s_2,\cdots,s_{N+(n-1)})$标记为字母$A$，其中$N$和$n$是正整数，序列$S$是连续标记的任意长为$n$的序列。$S$的ithn-gram是序列$s_i,s_{i+1},\cdots,s_{i+n+1}$（Tomovi′c et al.，2006）。

②词袋（Bag of Words，BOW）：BOW算法将文本的单词（代表分类特征）编码为实值向量，在文本语料库中形成一个称为词汇表的唯一的单词列表。每个句子或文档都可以表示为一个向量，如果单词出现在词汇表中，则值为1，否则值为0。另一种表示方法是使用每个单词在文档中出现的次数，使用TF-IDF（Term Frequency-Inverse Document Frequency）技术（Manning et al.，2008）。

其核心思想是，如果某个词语在一篇文档中频繁出现，但在其他文档中很少出现，则认为这个词语具有很好的类别区分能力，对文档的区分度较高，因此应该给予更高的权重。TF-IDF由两部分组成。

a. 词频（Term Frequency，TF）：TF = TD/ND，其中TD为术语t在文档中出现的次数，ND为术语在文档中出现的次数。

b. 逆文档频率（Inverse Document Frequence，IDF）：IDF = log(*N*/*n*)，其中*N*为文档数量，*n*为某项*t*出现的文档数量。罕见词的IDF很高，而频繁词的IDF很可能很低。

c. 将TF和IDF相乘，就得到一个词在特定文档中的TF-IDF值，这个值越高，表示这个词对于区分文档越重要，即：TF-IDF = TF · IDF。

1.3.7 属性特征分布

属性特征分布模型通过查看字符分布来捕获“正常”或“常规”查询参数的概念。这种方法观察到：属性具有规则的结构，大部分是人类可读的，并且几乎总是只包含可打印的字符。对于发送二进制数据的攻击，可以观察到完全不同的特征分布。正则属性中的特征使用相应的ASCII码（Kruegel et al.，2005）。

理想化特征分布（Idealized Character Distribution，ICD）：在训练阶段将正常请求发送到Web应用程序以获得ICD（Kruegel et al.，2005）。ICD是所有特征分布的计算平均值。在检测阶段，序列的特征分布是从其ICD中抽取的实际样本的概率。为此，我们使用卡方度量。令$D_{\text{chisq}}(Q)$为序列Q的卡方度量，N表示Q的长度，ICD是建立在所有样本上的分布，σ是ICD的标准偏差，h是被测序列Q的分布，$D_{\text{chisq}}(Q)$的值计算如下：

$$D_{\text{chisq}}(Q)=\sum_{N=0}^{N}\frac{1}{\sigma^2}\left[\text{ICD}_n-h(Q_N)\right]^2 \tag{1.23}$$

有学者将ASCII码的十进制值的特征进行了以下分组：<0、31>，<32、47>，<48、57>，<58、64>，<65、90>，<91、96>，<97、122>，<123、127>，<128、255>（Kozik R et al.，2015）。

1.3.8 降维

降维是通过减少随机变量数量获得一组主变量的过程（Roweis，Saul，2000）。此时根据新数据与训练数据集标准差之间的距离来检测异常。

①主成分分析（Principal Component Analysis，PCA）：PCA是最常用的降维技术之一；它的工作方式是将现有数据线性地减少到一个更低维的空间中，保持数据在这个更低维空间中的最大方差（Pearson，1901）。PCA在数学上定义是使用一个正交线性变换将数据转换到一个新的坐标系统，数据标量最大方差投影数据在第一个坐标，第二大方差在第二个坐标，以此类推（Jolliffe，2002）。从给定数据集获得PCA的过程可以总结为：

a. $d+1$维数据集忽略类标，则数据集就变成d维数据集。

b.计算整个d维数据集的每个维度平均值，并用矩阵$\boldsymbol{A}$表示。

c.计算$\boldsymbol{A}$的协方差矩阵，得到$d \times d$维的方阵。

d.计算特征向量和相应的特征值。

e.通过减少特征值对特征向量排序，并从$d \times k$维矩阵$\boldsymbol{W}$选择k个最大特征值的特征向量。

f.变换样本到新的子空间。

②线性判别分析（Linear Discriminant Analysis，LDA）：LDA是Fisher线性判别法的一般化，用来寻找表征或分离两类（或更多类）对象（事件）的特征的线性组合。LDA可以将一个因变量表示为其他特征或测量值的线性组合

(McLachlan，2004)。其目标是将一个n维特征空间投影到$k \leqslant n-1$的更小的子空间k上。从给定数据集获得LDA的过程可以总结为：

a.计算数据集中不同类的d维平均向量。

b.计算分散矩阵。

c.计算散点矩阵的特征向量($e_1, e_2, \cdots, e_d$)和对应的特征值($\lambda_1, \lambda_2, \cdots, \lambda_d$)。

d.通过特征值递减对特征向量排序，选择特征值最大的k个特征向量，形成$d \times k$维矩阵$\boldsymbol{W}$，其中每一列表示一个特征向量。

e.利用$\boldsymbol{W}$矩阵将样本变换到新的子空间上。

③扩散映射（Diffusion Map）：不同于其他流行的降维技术如PCA和LDA，扩散映射是非线性的，用于发现底层流形，即嵌入数据的低维约束“表面”(Delaporte et al.，2008)。它通过底层几何参数重新组织数据来实现降维。扩散映射将数据嵌入（转换到）一个低维空间，使得点之间的欧氏距离近似于原始特征空间中的扩散距离。扩散空间的维数由数据下的几何结构和扩散距离近似的精度决定。

除了上述算法和技术外还可以引入统计技术，例如通过使用标准差、均值、阈值、切比雪夫不等式（Chebyshev's Inequality)、皮尔逊卡方检验（Pearson's Chi Square Test)、贝叶斯概率（Bayesian Probability）等来识别异常。早期研究多使用单变量模型，近期常采用多变量模型和时序模型，或直接用于异常检测或者聚类、分类、特征选择等算法中（Riera et al.，2020)。

1.4 研究内容及主要贡献

本书从数据预处理的角度围绕不平衡网络数据分类问题展开研究。本节主要介绍全书相关研究及所取得的研究成果。

1.4.1 研究内容

本书针对由于网络异常数据不平衡、多维等特性造成的异常数据识别度低，总体分类精度受多数类影响的问题，从特征及实例角度出发，就如何对网络异常数据进行高效的特征选择与实例选择，从而有效改善不平衡网络异常数据分布情况，以提高网络异常识别效果等问题展开深入研究。研究内容主要包括以下三个方面：

①基于混沌遗传的代价敏感特征选择方法研究。

从代价角度切入问题，借鉴贝叶斯决策理论及入侵检测攻击模型代价估值，关注网络异常识别过程中产生的测试代价（即获取特征的代价）和误分类代价，借助混沌遗传搜索策略提高搜索效率，设计代价敏感特征选择算法，以达到提高稀有类分类精确度的目的。

②基于文化基因构架的高效代价敏感特征选择方法研究。

利用文化基因架构下局部搜索对群搜索效率提高的优势，改进基于近似马尔科夫毯的局部搜索过程，引入基于误分类代价的代价敏感适应度函数，设计针对不平衡数据集的高效代价敏感特征选择方法。

③人工合成稀有类方法及分层实例选择策略研究。

基于经典分层理论，设计基于稀有类拓展的双向实例选择策略，减少多数类实例数目的同时人工合成稀有类以增加稀有类数目，改善数据集不平衡分布状况，从而解决遇到大型化问题所带来的分类效果下降、异常识别率低等问题。

1.4.2 主要贡献

主要贡献包括以下三个方面。

①基于混沌遗传的代价敏感特征选择算法。

针对网络异常数据的稀有特性，基于入侵检测代价模型，构造同时考虑误分类代价及测试代价因子的代价函数，提出基于混沌遗传的代价敏感特征选择算法。仿真实验表明，该算法较之现有代价敏感特征选择算法更适用于入侵检测数据集，且具有总代价小，对多种异常攻击类别识别度高等优点。

②基于文化基因构架的高效代价敏感特征选择算法。

针对资源受限环境对网络异常识别成本及时效性的高度要求，考虑误分类代价因素构建误分类代价适应度函数，提出基于文化基因构架的高效代价敏感特征选择算法，改善代价敏感学习速度普遍较慢的缺陷，以提高后续学习模型时间，提升模型效率。仿真实验表明，与传统算法相比较，该算法运行速度较快且误分类总代价较低，且在不影响分类精确度的情况下可有效提高算法运行效率。

③基于稀有类拓展的双向实例选择分层策略。

针对具有大量数据的不平衡网络异常数据识别问题，提出一种双向实例选择分层策略，在增加网络异常攻击稀有类实例数目的同时，减少多数类实例数目。实验表明，该策略可以提高稀有类样本数目，有效改善数据集不平衡状态，并提高分类精确度。

1.5 本书的组织结构

本书针对大数据环境下的网络数据不平衡问题，从特征及实例的角度分别展开分析与论述，共分为6章，章节间的组织结构如图1.5所示。

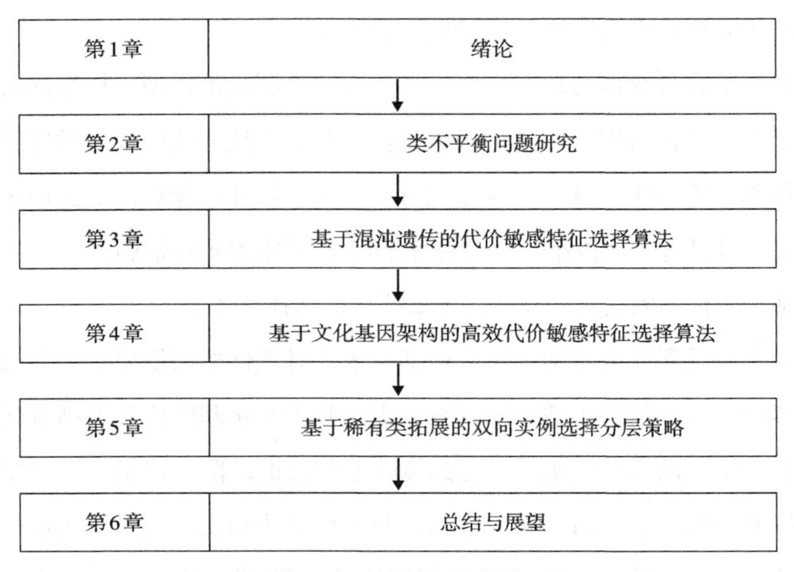

图1.5　本书的组织结构

第1章：在全球信息化高速发展，三网融合及大数据背景下，对网络信息安全的重要性及紧迫性进行了说明，并对全书研究内容、主要贡献、研究框架及论文组织结构做了阐述。

第2章：介绍了不平衡问题研究现状及常用解决方法，网络异常事件代价种类及代价估值，常用不平衡分类度量标准。

第3章：针对传统特征选择方法在不平衡环境下对代价因素考虑的缺失，结合入侵检测误分类代价及测试代价因子，构造代价敏感适应度函数，提出基于混沌遗传的代价敏感特征选择算法。

第4章：针对资源受限环境对高效算法的需求，以及改善代价敏感学习效率普遍较慢，影响算法整体运行速率的缺陷，结合误分类代价因子，基于近似马尔科夫毯局部搜索提出基于文化基因的高效代价敏感特征选择算法。

第5章：针对网络数据不断增多及大型化的发展趋势，结合分层思想，在增加有效稀有类数目的同时，减少多数类数目并保留足够多数类信息，提出基于稀有类拓展的双向分层实例选择算法。

第6章：总结全书工作，说明在现有环境下研究存在的问题及需要改进的地方，并对今后工作方向及未来该领域发展趋势进行阐述。

第2章　类不平衡问题研究

本章首先介绍类不平衡问题，然后对其分类方法和度量标准进行研究，同时对网络异常数据识别代价估值进行讨论。

2.1　类不平衡问题

数据挖掘经常会面临类不平衡问题。当数据集中一类（通常称为多数类，或负类，majority 或 negative class）的数目极大地超过其他类（称为少数类，稀有类或正类，minority 或 positive class）的数目，被称为类不平衡（Ahmadzadeh，2022）。理论上，任何分布不平衡的数据集都可以被认为是不平衡问题，由于正类不被关注（如不影响做决策）时往往会被忽略掉，通常仅在正类被关注时候才会提出类不平衡问题。

在某些领域中，一种类别比另一种过度呈现，正类与负类间不平衡比例能够达到100：1，1000：1，甚至10000：1以上。在这些情况下，看似暗示所有的类间不平衡都是二元的（两分类的），但实际不同类间存在不平衡的多类数据也屡见不鲜（Andrew et al.，2020）。而且在类似贷款推荐、欺诈预防、天气数据分析等现实应用中，被关注的往往是稀有类，这也必然涉及类不平衡问题。

传统分类器大都集中在对最优化精度的改进，产生的模型等同对待各个类别，而实际应用中的不平衡问题通常关注的是稀有类情况。所以传统分类器即使拥有高精确度，在不平衡问题上的局限性也是显而易见的。因此，研究者们往往通过改进传统分类器的方法来试图解决类不平衡问题。

近年来，类不平衡问题已经引起了极大的关注。当前解决方法可以分为四个类型：数据层方法、算法层方法、代价敏感方法和集成方法（Cisco，2019）。针对类不平衡问题，下面对数据层和算法层方法详细讨论。

2.1.1　数据层方法

数据层方法从数据集的角度处理问题，针对不平衡数据的分布，改变类间占比重构数据集。通过增加少数类数据或减少多数类数据，改变数据集的分布从而重建一个较为平衡的类分布。数据层方法以其独立于算法、操作简单等优点得到了广泛的应用。

数据层方法是更为贴近传统分类的数据挖掘方法。其主要思想是重采样，包括过采样和欠采样。另外还有其他代表性方法是EasyEnsemble、BalanceCascade、SMOTE和ADASYN等。研究表明过采样是处理深度学习中不平衡的最好方法，不易导致过拟合。但数据量的增加会增加时间成本。较为常用的方法有两类：重采样和特征选择。重采样方法主要分为随机欠采样和随机过采样。

（1）欠采样技术

欠采样技术（Under-sampling Techniques）通过减少多数类样本直至达到较为平衡的分布。例如，一组数据集有10个稀有类和100个多数类实例。随机欠采样即通过选择并移除90个多数类实例以达到类分布的平衡，最终数据集包括20个实例：（随机保留的）10个多数类实例和（原始的）10个稀有类实例。它的主要缺点是通过随机选择可能会将有用信息丢弃掉。因此大多研究者通过去除数据集中的冗余噪声或者边界实例进行改进。噪声实例是完全可以去掉的，因为它们不包含任何多数类或有用信息。而近似的噪声实例则属于随机存在于数据集中的多数类，可能会隐藏某些重要信息。这是由于对边界实例特征的微小扰动会引起决策边界向错误方移动。

库巴特和马特温（Kubat，Matwin，1997）提出了最早的欠采样方法，他们结合了Tomek Links压缩最近邻规则（CNN）改进机制创造了一种欠采样方法。由于Tomek Links可以去除边界和噪声实例，而CNN能够去除冗余实例，因此结合Tomek Links和CNN的选择变得自然而然。

不同于Tomek Links和CNN的另一种欠采样方法是Laurikkala的近邻清理规则（Neighborhood Cleaning Rule，NCR）。NCR使用Wilson编译过的最近邻规则（Edited Nearest Neighbor Rule，ENN）选择多数类实例以减少其数量。NCR计算数据集中每个实例α的三个最近邻。如果α属于多数类实例且被它的三个最近邻误分类，则从数据集中移除α；反之，如果α属于稀有类实例且被它的三个最近邻误分类，则移除α近邻中的多数类。

（2）过采样技术

过采样技术（Over-sampling Techniques)通过复制稀有类直至分布达到平衡。例如，一组数据集有10个稀有类和100个多数类实例，过采样技术通过复制10个稀有类实例9次，最终数据集包括200个实例：100个多数类实例和100个稀有类实例。随机欠采样会损失潜在有用信息，随机过采样则面临过拟合问题（Yu，Liu，2004）。Chawla等人创建合成稀有类实例而非单纯通过复制实例的方法来改进，即Synthetic Minority Over-sampling Technique（SMOTE）（Chawla et al.，2002）。SMOTE通过人工合成稀有类实例改变数据集类分布状况，令其趋于平衡。为人工合成稀有类实例，SMOTE首先随机选择稀有类实例α，并寻找它的k个最近邻。在这k个最近邻中随机选择一个b，在特征空间连接α与b，α与b选择的突组合即是人工合成的新实例。

（3）混合技术

除了对数据集使用过采样或欠采样技术，还可以将两者融合进行改进。通过结合过采样和欠采样，数据集在趋于平衡时不会丢失太多信息（欠采样多数类实例数目过多）或者过拟合（过采样稀有类实例数目过多）。混合技术（Hybrid Techniques）中两种典型方法分别是SMOTE+Tomek和SMOTE+ENN（Weiss，Khoshgoftaar，2016），使用SMOTE过采样稀有类的同时分别使用Tomek和ENN欠采样多数类。

（4）基于集成的方法

集成方法（Ensemble-based Methods）是利用基于多种学习器在训练数据的不同子集上进行学习，以改善传统分类算法分类性能的一种方法。帝泰瑞驰（Dietterich，2000）对集成方法比单独分类器效果好的原因做了综述。汉森和萨拉蒙（Hansen，Salamon，1990）证明了在一定约束条件下（评价误差率小于50%且每个分类器预测失准概率不受其他分类器影响），当分类器的数量趋于无限时，实例的期望误差率趋于零。因此当构建多分类器集成时，往往会优选分类器的多样化而不太关注高准确率。通过修改训练数据的每个基分类器拥有不同的乖离率，以确保集成成员的多样化。

装袋（bagging）、AdaBoost、随机子空间（Random Subspaces）和随机森林（Random Forests）均是多样化集成较为流行的方法（Weiss，Khoshgoftaar，2016）。应用集成方法到数据集时需要进行采样，简言之它忽略了集成通用方法和采样的结合以使方法更加结构化，并不是最佳方法。因此许多集成方法与采样策略相结合，构建的集成方法更适用于处理类不平衡问题。

AdaBoost是机器学习领域最流行的集成方法之一，一定程度上得益于其理论体系的保障，因此被广泛研究。回顾AdaBoost，假设子集S_i属于训练数据集S，基分类器i在子集S_i上学习，其每个实例在S中随机成比例加权采样。在每个分类器训练后，每个实例权重基于实例根据集成性能自适应更新。增加误分类代价权重，往往集成会更关注较难学习的实例（Freund，Schapire，1996）。

SMOTEBoost即采样方法与AdaBoost相结合方法的代表，是一种针对类不平衡的集成方法（Chawla et al.，2003）。SMOTEBoost中每次提升迭代时更新加权，应用SMOTE误分类稀有类实例。除了给稀有类实例较高权重，通过增加相似度合成实例降低稀有类误分类。与SMOTEBoost方法类似，郭和维克托（Guo，Viktor，2004）改进提升的另一种版本，称为DataBoost-IM，识别稀有类和多数类中难识别的实例产生合成样本，然后对其重新加权以防止稀有类的乖离率。

与AdaBoost相对应的是装袋，另一种适合结合采样技术的集成方法。拉迪沃亚茨等（Radivojac et al.，2004）在生物信息学领域将过采样技术结合到装袋。刘等（Liu et al.，2006）则提出EasyEnsemble和BalanceCascade两种方法，从训练集中选择一组相同数目的多数类和稀有类实例产生训练集。海都和喀斯玛（Hido，Kashima，2008）引入一种装袋变种——粗糙平衡装袋（Roughly Balanced Bagging，RB bagging）改进装袋使其适用于稀有类。

采样技术的一个主要缺陷是需要确定采样数目，以此决定过采样比例以求在提高稀有类数量的同时避免过拟合。同样的，欠采样需要在平衡类分布的同时尽可能保留足够数目多数类，以保证其信息不缺失。

实际中也常使用封装（wrapper）方法解决类不平衡问题。在封装中，将训练集分为训练集和验证集，两者互补。使用不同的采样比例对训练集进行分类学习，然后在测试集测试每个学习模型性能，将提供最好性能的采样方法应用到整个数据集。

较之混合技术，封装趋于复杂，不需要确定的最佳过（欠）采样比例，仅需对过（欠）采样级别进行最优化处理。正如切斯拉克等（Cieslak et al.，2011）的研究，面对类不平衡问题时，封装技术针对类不平衡问题时较集成方法在构建分类器时更倾向于使用代价不敏感分类器，而其他方法表现较差。因此，大多研究者转向关注代价敏感分类器。

2.1.2 算法层方法

算法层方法从算法角度处理问题，直接改进算法，使其针对类不平衡问题取得良好分类效果。通过最优化度量而不是精度，更适合类不平衡问题。当采样方法和基于采样的集成方法成为最常用的学习类不平衡数据集方法时，研究者们发现一些方法可以在不改变数据分布的前提下，直接用于研究类不平衡（Diez-Pastor et al.，2015）。尽管这些方法所用到的分类器本身并不要求进行代价敏感学习，但这些方法大多都属于代价敏感学习方法。

（1）代价敏感学习

亚当（Adam，2012）研究证明依照代价敏感分类标准构建的分类器可以将对代价迟钝的分类器转换为对代价敏感的分类器。这一过程类似于过抽样和欠抽样的调整数据过程，但是它针对算法本身并不改变数据分布。

现实世界中不同误分率对应不同的代价，稀有类错分产生的代价往往高于多数类错分产生的代价（Turney，2000）。数据集中的每个实例有不同类型代价，例如，额外测试代价，代价与专家分析关联，干预代价等等。大多代价敏感相关文献关注误分类代价（Lin et al., 2019）。误分类代价可以分为两种：样本相关代价（example-dependent cost）和类相关代价(class-dependent cost)。有关于样本相关代价的研究，SVM也常被用于解决样本相关代价问题（Lozano, 2008）。也有如大多数研究者一样更关注类相关代价的研究（Adam, 2012）。

根据应用领域的不同，误分类代价不尽相同且未知，通过为不同类别设定适当的误分类代价，把代价敏感方法用于处理类不平衡问题，进而不平衡数据分类问题可以转化为代价敏感问题。代价敏感学习方法处于不断地被改进和优化中。AdaCost（Fan et al., 1999）和CSB（Ting, 2000）是AdaBoost的两个变种，使用更新实例权重的方法，使用合并实例误分类代价以提供更精确的实例权重。MetaCost（Domingos, 1999）通过改变阈值达到令分类器代价敏感的效果，有学者通过权重实例引入代价敏感树（Ting, 2002）。也有学者研究了AdaBoost变种的集成方法（Sun et al., 2005）。周和刘（Zhou, Liu, 2006）则证明了在代价敏感学习和类不平衡学习中存在不同特征，以推进使用不同方法解决不同问题。

实际应用中不同误分类错误往往与不同代价相关联。代价敏感学习将不同类的误分类可变成本考虑其中，由此大多数情况下，当引入多种代价时，代价敏感学习的设计目标往往为最小化总代价。代价的多样性丰富了代价敏感学习的内涵，特尼（Turney, 2000）提出了归纳概念学习中的主要代价类型，详细介绍了多种与分类相关的代价因子，其中误分类代价是现实世界中最常见也是最受关注的代价。以二分类问题为例，根据实际类别的预测情况一般分为四种，称之为混淆矩阵，见表2.1。假设正类为网络异常类别，负类为正常类别，则有正确判断的成本代价为零，即：TP=TN=0。而将网络异常类别判断为正常对用户造成的后果远大于将正常情况误诊为异常的后果。

表2.1　混淆矩阵

名称	类别	预测类别	
		正类	负类
实际类别	正类	TP	FN
	负类	FP	TN

代价敏感学习常被用于提高不平衡数据集的分类效果。耶尔等（Yael et al., 2013）提出一种基于直方图构造适应度函数的代价敏感特征选择算法，应用于心脏病数据集。但其算法验证使用的心脏病数据集只包含13个特征并使用了遗传算法作为搜索策略，其降维效果并不明显，同时运行速度也受到了影响。随后李（Li，2012）通过引入代价敏感学习训练径向基函数神经网络（radial basis function neural network，BRFNN）作为敏感性度量构造代价敏感特征选择，但每次迭代中需要使用留一法，使其不适用于处理数据特征维数较多的问题。

（2）代价敏感学习研究现状

目前，代价敏感学习已被应用于多个领域。不同于传统机器学习方法关注于优化精确度提升算法效率，代价敏感学习方法关注于最小化与实际应用相关的总体代价成本（Turney，2000）。例如入侵检测，两种检测方法均检测出现一个攻击实例。被误检测为恶意攻击但实际是错误操作或正常状态可能会造成错误杀毒，但实际为恶意攻击却正常状态则需要承担恶意攻击的一切后果。现实生活中，需要关注的往往不仅是检测的正确性，还需要考虑检测后果所造成的代价及检测本身所需代价等情况。

最初代价敏感学习方法仅考虑分类阶段的误分类代价。误分类代价又可分为依赖于实例和依赖于类别两种代价，即将i类错误分类为j类折算为经济成本的损失（Liu，2009；Turney，1995）。随后研究者们将代价引入到特征选择过程，并逐渐对其他代价类型如测试代价进行研究，但是也仅限于测试代价而不包括误分类代价。测试代价是获取数据或进行分类过程中的耗用，例如时间、金钱等资源的成本（Turney，2000）。不同于其他算法以系统分类能力为特征评估标准，万迪等（Iswandy，Koenig，2006）将购置成本加入特征选择过程，应用于优化传感技术识别系统设计中。也有学者将回溯的搜索算法应用于特征选择解决测试代价约束问题，改进启发式算法以使其适用于更大规模数据集（Zhao，Zhu，2014）。

特尼（Turney，1995）详细介绍了多种与分类相关的代价因子。他构建了一个称为ICET的决策树系统，使用遗传算法最小化测试代价和误分类代价，这也是首次同时考虑误分类代价和测试代价。但是尽管考虑了特征分组，ICET仍然运行比较慢。

赵和朱威廉等（Zhao，Zhu，2014）使用模糊集描述代价因素，引入基于置信度的覆盖粗糙集到可变成本，较之传统方法能充分体现粒化作用和成本代价间的关系。这里可变成本指的是误分类代价和测试代价。他们提出一种对代价敏感粒化方法的优化以达到介于分类性能和成本间的权衡。但是由于不同特征具有不同置信度，赵等（Zhao et al.，2013）使用的是一个恒定值，而不是变量，这使得特征度量方法效果大打折扣。另外，不同于传统大多数介于误差界限的方法，他们通过引入标准测量误差构建基于覆盖的粗糙集模型，应用回溯法和启发式算法学习代价敏感特征选择问题。

随后，朱威廉等（Zhu et al.，2014）又第一次提出两阶段代价敏感学习方法并应用于软件缺陷预测。他们改进了三种过滤特征选择标准并将其转换为代价敏感标准（cost-sensitive Variance，cost-sensitive Laplacian Score，cost-sensitive Constraint Score）。同时引入代价敏感信息到重要的数据预处理方法特征选择阶段和分类阶段，能够很好地处理类不平衡问题和高维数据问题对软件缺陷预测的影响。然而，由于代价敏感学习本身运行速度比较慢，其固有的效率问题使得此方法同样具有极大的局限性。

2.2 网络异常数据识别代价估值

本书使用的数据集是KDD CUP'99数据集，属于较大规模网络入侵检测数据集，亦是不平衡数据集。原始数据集具有494 021个实例，24种攻击类型分为5个大类（Normal，DoS，U2R，R2L和Probe），41种特征类型具体见表2.2。该数据集是麻省理工学院林肯实验室模拟军事环境收集到的，被监控的事件均是网络连接，被攻击的资源主要是网络服务和网络中特定主机上的系统程序。

借用蜂窝电话及信用卡等欺诈检测的思想，李克文（Lee，2002）研究组将代价敏感理论应用到网络异常数据识别中，并研究得到几种与入侵检测相关的代价因子，分别为：操作代价（OpCost）、损失代价（DCost）和响应代价（RCost）（靳燕，2007）。

操作代价是通过入侵检测模型分析行为及处理IDS监控事件流的总代价。分为两部分，一是从监控的原始数据流中提取特征所花费的时间资源和计算资源，二是使用分类模型依据特征分析连接记录所花费的时间资源和计算资源。

损失代价是在入侵检测系统不可用或无效时，攻击对目标资源造成的总损失代价。

响应代价是针对报警或记录日志做出反应，对潜在入侵所花费的代价。该代价主要取决于所采用的响应机制的类别。一般对入侵的响应可分为两类：自动响应和手工响应，显然手工响应的代价要高于自动响应。

自动响应入侵包括以下几条：终止入侵连接或入侵会话、启动目标系统、记录会话保留证据以进一步研究并执行包过滤规则。除了这些响应外，还可以通过E-mail向入侵主机的管理员预警，防止自身主机受到损坏。而更先进的响应方式要通过不同位置的响应机制相互协调来尽快终止距它们最近的入侵行为。

表2.2 KDD CUP'99数据集特征

标号	特征名称	类型	最小值	最大值
1	duration	Numeric	0	54 451
2	protocol_type	Symbolic	0	2
3	service	Symbolic	0	64
4	flag	Symbolic	0	10
5	src_bytes	Numeric	0	89 581 520
6	dst_bytes	Numeric	0	7 028 652
7	land	Boolean	0	1
8	wrong_fragment	Numeric	0	3
9	urgent	Numeric	0	3
10	hot	Numeric	0	101
11	num_failed_logins	Numeric	0	4
12	logged_in	Boolean	0	1
13	num_compromised	Numeric	0	7 479
14	root_shell	Numeric	0	1
15	su_attempted	Numeric	0	2
16	num_root	Numeric	0	7 468
17	num_file_creations	Numeric	0	100
18	num_shells	Numeric	0	2
19	num_access_files	Numeric	0	9
20	num_outbound_cmds	Numeric	0	0
21	is_host_login	Boolean	0	1
22	is_guest_login	Boolean	0	1
23	count	Numeric	0	511
24	srv_count	Numeric	0	511
25	serror_rate	Numeric	0.0	1.0

续表

标号	特征名称	类型	最小值	最大值
26	srv_serror_rate	Numeric	0.0	1.0
27	rerror_rate	Numeric	0.0	1.0
28	srv_rerror_rate	Numeric	0.0	1.0
29	same_srv_rate	Numeric	0.0	1.0
30	diff_srv_rate	Numeric	0.0	1.0
31	srv_diff_host_rate	Numeric	0.0	1.0
32	dst_host_count	Numeric	0	255
33	dst_host_srv_count	Numeric	0	255
34	dst_host_same_srv_rate	Numeric	0.0	1.0
35	dst_host_diff_srv_rate	Numeric	0.0	1.0
36	dst_host_Same_srv_port_rate	Numeric	0.0	1.0
37	dst_host_srv_diff_host_rate	Numeric	0.0	1.0
38	dst_host_serror_rate	Numeric	0.0	1.0
39	dst_host_srv_serror_rate	Numeric	0.0	1.0
40	dst_host_rerror_rate	Numeric	0.0	1.0
41	dst_host_srv_rerror_rate	Numeric	0.0	1.0

手工响应入侵包括进一步研究、鉴定、遏制、根除以及修复。手工响应代价主要包括响应组成员、被攻击用户以及参与响应工作的其他成员的劳动力成本，还包括修复和修补目标系统以减少再次损坏所花费的时间成本。

2.2.1 操作代价估值

获取不同特征所花费的计算资源不同，需要首先对特征分类，然后给出操作代价估值。李克文研究组（Lee et al.，2002）依照获取特征的难易程度及计算成本的不同，把KDD CUP'99的特征按级别分为四组（Lev.1，Lev.2，Lev.3，Lev.4），每一个级别中特征的计算代价相近或相同可以为同一个级别中的特征赋予相同的计算代价。研究组依据特征的计算成本不同，为每一级特征分配了计算成本相对值。通过表2.2及表2.3可以获得特征的操作代价估值（Mattia et al.，2019；Xia et al.，2022）。

表2.3 操作代价估值

特征级别	特征标号	操作代价估值	描述	特征示例
Lev. 1	1–9	1	可以从第一个分组中计算出的特征	Duration，Service，Land
Lev. 2	10–22	5	从一次连接过程中可以获取的状态特征	Hot，Logged–in
Lev. 3	23–31	10	在连接结束时可计算出的特征	Serror_rate，same_srv_rate
Lev. 4	32–41	100	在连接结束时，还需要其他的链接数据才可以计算出的特征。如统计特征，计算时需要前三级的特征信息。此级的特征计算成本最高	Dst_host_srv_count

2.2.2 损失代价估值和响应代价估值

在对损失代价和响应代价进行估值时，李克文研究组（Lee et al.，2002）采用对攻击进行分类的方法，类似的攻击归为同一个类，对每个类进行代价度量。其中攻击分类的依据主要有：攻击所采用的方法（该分类法适合估值操作代价和响应代价）、攻击的目标资源（该分类法适合估值损失代价和响应代价）、攻击造成的结果（该分类法适合估值损失代价和响应代价）。

李克文研究组依据攻击造成的结果分别评估入侵检测数据集按照入侵结果进行了分类，将所有入侵共分为四个大类，攻击分类及相应代价见表2.4（Lee et al.，2002；Lippmann et al.，2000）。

表2.4 DARPA攻击类别代价估值

主要类别（按结果划分）	描述	子类（按照技术划分）	代价
ROOT	获得非法登录连接	本地	DCost=100 RCost=40
		远程	DCost=100 RCost=60
R2L	未授权的远程方位	单一事件	DCost=50 RCost=20
		多重事件	DCost=50 RCost=40
DoS	拒绝服务攻击	单个恶意事件攻击	DCost=30 RCost=10
		穷举攻击	DCost=30 RCost=15
Probe	扫描与探测	快速探测	DCost=2 RCost=5
		隐形探测	DCost=2 RCost=7

2.2.3 检测结果代价

将一次事件描述为：$e=(a,p,r)$，e可以是一次网络连接、系统中的某用户会话或某被监控的网络行为分组；a是攻击类别（如果事件e是正常事件，则a为Normal）；p是攻击的进展程度；r是攻击的目标资源。对事件e的检测结果可能是以下几种情况之一：FN（false negative），FP（false positive），TP（true positive），TN（true negative），misclassified hit。与这些检测结果相关的代价称为检测结果代价（Consequential costs，CCost），代价公式见表2.5（Lee et al.，2002；靳燕，2007）。

表2.5　结果代价模型

检测结果	检测结果代价 CCost(e)	相应条件判断
FN	DCost(e)	
FP	RCost(e')+DCost(e)	if DCost(e')$\geqslant$RCost(e')
	0	if DCost(e')$<$RCost(e')
TP	RCost(e)+ε_1DCost(e)，$0\leqslant\varepsilon_1\leqslant1$	if DCost(e)$\geqslant$RCost(e)
	DCost(e)	if DCost(e)$<$RCost(e)
TN	0	
Misclassified Hit	RCost(e')+ε_2DCost(e)，$0\leqslant\varepsilon_2\leqslant1$	if DCost(e')$\geqslant$RCost(e')
	DCost(e)	if DCost(e')$<$RCost(e')

下面详细介绍每一种检测结果代价：

FN Cost是指攻击漏检所造成的损失。往往是由于系统没有配置IDS，或误将攻击检测为正常事件所造成的损失，这种情况下一旦攻击成功，目标资源便会受到损坏。因此FN Cost等于事件e的损失代价DCost(e)。

FP Cost是指将正常事件误检为某个攻击所花费的代价。如：$e=(\mathrm{Normal},p,r)$被误检为$e'=(a,p',r)$。如果RCost(e')$\leqslant$DCost(e')，则响应事件e'，响应代价为RCost(e')。由于做出了响应，致使正常事件行为被中断，造成了一定程度的损失，用PCost(e)来表示。PCost(e)等同于对目标资源r的DoS攻击的损失代价。

TP Cost是指对攻击进行正确分类所花费的代价，包括检测攻击花费的代价，和可能做出响应花费的代价。代价敏感IDS在做响应决策时，首先比较攻击的RCost和DCost，如果RCost(e)$\geqslant$DCost(e)，只记录日志不响应入侵，这样做可以降低总代价，最终损失为DCost(e)；反之则响应入侵，由于在检测并响应入侵，攻击一直在进行，所以可能已经对目标资源造成了一定程度的损坏，因此 TP Cost = RCost(e) + ε_1 × DCost(e)，其中 $\varepsilon_2\in[0,1]$是该攻击的进度（progress）的函数。

TN Cost是指对正常事件做出了正确检测所花费的代价，显然其值总是0，不花费任何代价。

Misclassified Hit Cost是指对攻击做了误分类，将一种攻击误检为另一种攻击所花费的代价。如事件$e=(a,p,r)$被误检为$e'=(a',p',r)$。当$\mathrm{RCost}(e')\leqslant\mathrm{DCost}(e')$时执行响应，花费响应代价$\mathrm{RCost}(e')$，由于响应的是攻击$a'$而非$a$，所以攻击$a$就会产生一定的损失代价$\varepsilon_2\times\mathrm{DCost}(e)$，其中$\varepsilon_2\in[0,1]$是$a$攻击的进度和针对$a'$执行响应后对攻击$a$所起的作用程度的函数。

期望代价模型定义了检测入侵时预期的总代价（Lee et al.，2002）。它考虑了所有相关代价因素之间的平衡，而且为合理地做出基于代价敏感的检测决策提供了依据。公式（2.1）为IDS的期望代价模型。

$$\mathrm{CumulativeCost}(E)=\sum_{e\in E}(\mathrm{CCost}(e)+\mathrm{OpCost}(e))\tag{2.1}$$

其中，E为测试集，$e\in E$，$\mathrm{CCost}(e)$和$\mathrm{OpCost}(e)$分别为事件e的检测结果代价和测试代价。由此可见，高效的检测模型要以检查模型的最小期望为目标，并考虑训练数据集的误分类代价及由于数据不平衡所产生的影响。

2.3　度量标准

混淆矩阵（confusion matrix）是决定分类器性能的通用方法之一，见表2.1。以二类混淆矩阵为例，有四种情况：TN（True Negatives）表示负类正确分类的实例数目；FP（False Positive）表示负类误分类为正类的数目；FN（False Negatives）表示正类误分类为负类的数目；TP（True Positives）表示正类正确分类的数目。

许多度量方法的定义基于混淆矩阵，传统意义上，最常用的度量是精确度

（Accuracy）和其补集错误率（Error rate）（Ahmadzadeh，2022）：

$$\text{Accuracy} = \frac{\text{TP} + \text{TN}}{\text{TP} + \text{FP} + \text{TN} + \text{FN}} \tag{2.2}$$

$$\text{Error rate} = 1 - \text{Accuracy} = \frac{\text{FP} + \text{FN}}{\text{TP} + \text{FP} + \text{TN} + \text{FN}} \tag{2.3}$$

正如之前提到的，不论精确度还是错误率，在类不平衡问题中都不是恰当的度量标准。在之前的例子中，多数类占数据集99%，仅1%是稀有类实例。这个例子中若是针对稀有类的预测，获得99%的精确度就没有意义了，因为这样的分类器明显无意义，在不平衡环境下使用精确度或错误率都是效果比较差的度量。因此，学者们研究了大量适用于类不平衡的度量标准。

2.3.1 平衡精确度

在精确度和错误率不再适用于度量类不平衡分类效果时，平衡精确度（balanced accuracy）成为较为常用的度量指标，计算方式见公式（2.4）（Ahmadzadeh，2022）：

$$\text{Balance accuracy} = \frac{\text{TP}}{2(\text{TP} + \text{FN})} + \frac{\text{TN}}{2(\text{FP} + \text{TN})} \tag{2.4}$$

平衡精确度是计算正确分类正类实例和正确分类负类实例的平均百分比。对这些相对比例给出一样的权值，可以看到贝叶斯分类器的性能优势在这里无法得到充分发挥。

平衡精度的贝叶斯分类器作用在99%为多数类、1%为稀有类的数据集上，得到其精度是99%。其平衡精度则为$99/[2\times(99+0)]+0/[2\times(1+0)]=0.5+0=0.5$。因此选择使用0.5的平衡精度对贝叶斯分类器进行性能评估较为合适。

2.3.2 ROC曲线

ROC（Receiver Operating Characteristic curve）曲线是度量数据集类不平衡的典型技术。ROC曲线在一系列TPR和假阳率（False Positive Rates，FPR）上总结分类性能（Swets，1988）。通过度量模型的各种错误率，ROC曲线能够确定正确分类的实例比例，给出FPR值。

图2.1给出ROC曲线的例子，*X*轴表示FPR（FPR = FP/(TN + FP)），*Y*轴表示TPR（TPR = TP/(TP + FN)）。ROC空间理想分类点为（0,1），即所有的正类实例被正确分类，没有负类实例被错误分类。反之，分类器误分类所有实例则只有一个点（1,0）。图中每条曲线代表不同分类器在数据集的性能。

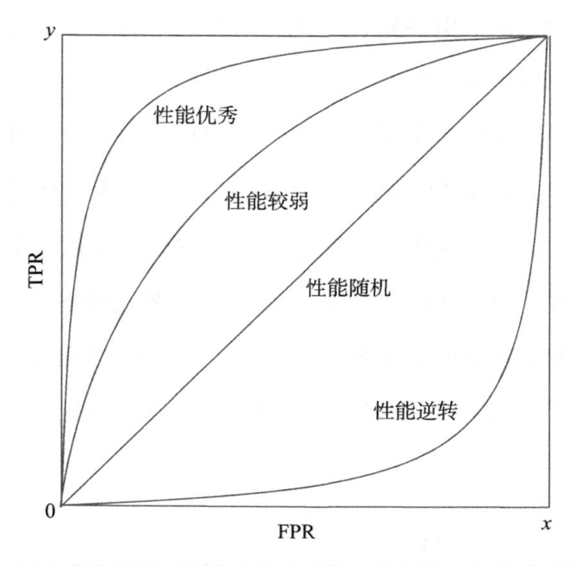

图2.1　ROC曲线示例（每条曲线表示同一数据集上不同分类器性能）

当（0,1）表示理想分类器时，（1,0）表示它的补集，在ROC空间，直线$y = x$表示一个随机分类器，例如对每个实例随机预测分类。ROC空间对任何分类器有一个低约束。如果对每个FPR提供较高的TPR（Neyman-Pearson method），则称一条ROC曲线“优于”另一条ROC曲线。分析ROC曲线，可以通过使用最佳TPR选择分类器，通过观察其对应的特定FPR，从而决定最佳分类器。

产生ROC曲线时，通过移动分类决策边界产生点，即ROC空间左侧较近的点来自于分为正类实例的较高阈值。ROC这一性能使其能够帮助选择决策阈值，为可接受的FPR给出最佳TPR。

识别最佳分类器，可通过观察ROC曲线上凸情况，这是个较为稳健的方法。给出一组ROC曲线，ROC曲线上凸状态的产生仅来自最佳FPR点的选择。这是优势，因为如果一条线穿过凸包上一点，则不会有其他线有相同的斜率穿过另一点且拥有较大的TPR截距。因此，沿着这个斜率点的分类器就是分布下最佳的选择（Chawla et al.，2003）。

ROC曲线提供一个确定分类器效率的可视化方法，ROC曲线下面积（ROC Area/AUROC，The area under/below the ROC curve）成为不平衡状态下度量分类器的专用方法。这是由于它既不依赖于阈值的选择也不依赖于先验概率，而是提供一个单独的数字用于比较。AUROC的一个主要优势是当通过分类可能性排序时，它被用于度量随机正类实例比随机负类实例排名靠前的次数更频繁。

计算AUROC的方法之一是给出类0的n_0点，类1的n_1点，且S_0是类0的秩次和，则有

$$\text{AUROC} = \frac{2S_0 - n_0(n_0 + 1)}{2n_0 n_1} \tag{2.5}$$

2.3.3 精度和召回值

AUROC的另一个替换度量是精度（Precision）和召回值（Recall），精度和

召回值计算亦来自混淆矩阵（见表2.1）（Turney，2000）：

$$\text{Precision} = \frac{\text{TP}}{\text{TP} + \text{FP}} \tag{2.6}$$

$$\text{Recall} = \frac{\text{TP}}{\text{TP} + \text{FN}} \tag{2.7}$$

从公式中可以看到精度是用于度量预测为正类而实际亦为正类实例的频率，召回值则是度量正类实例被预测为正类实例的频率。

在不平衡环境下分类的目的是在不损失精度的情况下提高召回值。由于要提高稀有类TP，FP数目通常也会增加，所以常会引来冲突，从而降低精度。

为了在精度和召回值间得到一个更优的权衡，还可以使用精度–召回值（Precision–Recall，PR）曲线。PR曲线类似ROC曲线，能够对分类性能做图形化表示。ROC的X轴为FPR，Y轴为TPR，在PR曲线中X轴为召回值，Y轴为精度。TPR度量正类实例正确分类部分，而精度度量实际为负类但分类为正类实例部分。

与ROC衍生AUROC类似，PR曲线也衍生出AUPR。最新研究发现PR曲线（和AUPR）较ROC（和AUROC）在某些鉴别性能上有突出优点（Davis，Goadrich，2006）。

2.3.4 F_β–均值

最后一个常用度量标准是F_β–Measure（也常简称为F–Measure）。F_β–Measure是介于精度和召回值之间权衡的族度量，通过输出反应分类器在稀有类环境表现优良的单独值来实现。ROC曲线表示不同TPR和FPR间的权衡，F_β–Measure表示在不同TP、FP、FN值间的权衡（Lin et al.，2019）。其公式为

$$F_\beta = (1 + \beta^2) \cdot \frac{\text{precision} \cdot \text{recall}}{(\beta^2 \cdot \text{precision}) + \text{recall}} \tag{2.8}$$

β表示精度和召回值的相对重要性。传统意义上，不规定β则说明F_1-Measure是假定的。

F_β-Measure对不平衡的特性仅是相对有用，因为AUROC和AUPR提供了更稳健更好的度量性能，因此F_β-Measure较少被用于比较分类性能。

Precision、Recall、F-Measure均可以被用于度量不平衡数据集中稀有类分类情况。其中F-Measure的值随着Recall和Precision变化，只有两者值都很高时，F-Measure的值才会高（Davis，Goadrich，2006）。ROC曲线是一种有力的分类器整体性能评价方式。其可视性虽然直观，但却往往在近似结果中表现不明显，因此AUROC更广泛地用于分类器性能比较（Najafabadi，Khoshgoftaar，2017）。

2.4 本章小结

本章介绍了不平衡环境基于数据和基于算法的两种学习策略，详细讨论了多种采样方法、代价敏感分类器、代价敏感特征选择及不敏感分类器，对多种评价技术及度量进行了阐述。评估分类器模型性能时，我们发现精确度、错误率等指标不再是不平衡环境下最好的评估度量。由于过分偏向多数类性能而忽略稀有类性能，因此精确度和错误率并不实用。为了克服这个不足，研究者们提出多种评估度量方法，最常用的是精度、召回值、F-Measure和ROC Area（AUROC）。

第3章　基于混沌遗传的代价敏感特征选择算法

特征选择在处理网络异常数据类不平衡问题时，可以找出有助于异常数据识别的特征，进而提高后续分类过程精度和效率（贺成彬，2014）。然而，多数特征选择方法除了追求特征重要性外，往往仅关注分类精确率而忽略其成本代价，或者误分类代价等代价因素。

为处理代价问题，本章引入贝叶斯理论，同时考虑网络异常攻击识别过程中产生的测试代价（即获取特征的代价）和误分类代价，提出了一种新的代价敏感特征选择算法CSFSG。该算法一方面构造了基于最近邻规则的代价敏感适应度函数，使用混沌优化提高后期进化效率进而提升遗传算法性能；另一方面，通过改进基于Tent混沌映射优化的遗传搜索策略，使其能够在减少特征选择总代价的同时，权衡两种代价，以提高搜索效率。实验表明，与多数代价敏感特征选择方法相比，CSFSG可以有效简化特征选择过程得到较小的特征子集，并达到降低总代价成本，获得较高分类精确度的目的，适用于网络异常攻击识别。

本章组织结构如下：3.1节介绍多种一维混沌映射及其特性、基于混沌搜索的特征选择；3.2节阐述代价敏感特征选择评估标准，将问题形式化后引入异常攻击误分类及测试代价因子，构建代价敏感适应度函数；3.3节提出一种新的基于混沌映射的代价敏感特征选择算法；3.4节构建实验并通过实验验证算法的可行性及有效性；3.5节对本章工作进行小结。

3.1 基于混沌搜索的特征选择

混沌作为一种貌似混乱无规则，其实有着精致内在结构的自然现象，被引入数学领域并被定义为由简单动力学系统所随机产生的，在一定范围内可以出现类似随机、不重复的遍历所有状态的行为。它通常具有三个重要动力学特性：对初始条件的敏感依赖性、半随机性及遍历性（Zhang et al.，2016）。

现今混沌系统取代传统随机生成器的思想被广泛关注，其中之一就是优化理论，如在进化算法（EA）中使用混沌序列可以提高其性能。研究者们基于混沌的遍历性等特点研究新的搜索算法，将其称为混沌优化算法（chaos optimization algorithm，COA）（Yan et al.，2014）。较之一般随机优化算法不可避免地会接受一些异常结果以跳出局部最优解，COA 规律的混沌运动搜索则更为容易，且搜索效率高，更适用于全局优化（刘道华 et al.，2015；赵欣，2012）。

3.1.1 混沌映射及其特性

一维混沌不可逆映射是最简单的也是最常用的混沌运动产生系统（赵欣，2012）。本章用到以下三种映射。

（1）Logistic 映射

Logistic 映射（又称为虫口映射）是学者们关注较多且较常引入遗传算法的混沌映射，也是一种应用最广泛的混沌映射。Logistic 映射常应用于较为简单的非线性动力学方程所表示行为的复杂程度。其数学表达式为一个简单的多项式映射（王瑞琪 等，2011）：

$$x_{n+1} = \lambda x_n(1 - x_n), \text{其中} [0 < \lambda \leqslant 4], n = 1,2,\cdots,t \tag{3.1}$$

当 λ 为小于 4 的控制参数时，x_i 为第 i 个混沌变量，t 为迭代次数。当 $\lambda = 4$，

且x_i分布范围在[0,1]之间时，则为在完全混沌状态的确定性动态系统。

当Logistic映射迭代次数趋于无穷大时，其序列概率分布密度函数转换为切比雪夫分布，因此产生序列边界点多、分布不均匀、内部较为分散，不适用于维数较高的数据集。

（2）Tent映射

Tent映射（又称为帐篷映射），表达式为分段线性一维映射（李雪岩 等，2015）：

$$x_{n+1} = \lambda - 1 - \lambda[x_n]，其中 y \in [1,2] \tag{3.2}$$

对式（3.1）引入变换：

$$x_n = \sin^2[\frac{\pi t_k}{2}]，其中 t_k \in [0,1] \tag{3.3}$$

则有：

$$\begin{aligned} &\sin^2\left[\frac{\pi t_{k+1}}{2}\right] \\ &= 4\sin^2\left[\frac{\pi}{2}t_k\right]\left\{1 - \sin^2\left[\frac{\pi}{2}t_k\right]\right\} \\ &= \sin^2\left[\pi t_k\right] \end{aligned} \tag{3.4}$$

原Logistic映射等价于当λ=2时的Tent映射，因此Logistic映射与Tent映射具有相似性质。Tent映射具有较好的遍历均匀性，适用于数据量较大序列的运算处理，但其迭代中存在不稳定周期点，还存在小周期。

（3）Bernoulli shift映射

Bernoulli shift映射是分段线性映射，由一定数量的线性分段组成，最简单的形式分为两段：

$$x_{n+1} = \begin{cases} \dfrac{x_n}{1-\lambda} & 0 < x_n \leqslant 1-\lambda \\ \dfrac{x_n - (1-\lambda)}{\lambda} & 1-\lambda < x_n < 1 \end{cases} \tag{3.5}$$

其特例可表示为：$x_{n+1} = 2x_n(\text{mod}1)$，$(x_n \in [0,1], n = 0,1,2,\cdots)$。与Tent映射类似，其迭代序列中也存在小周期及不稳定周期点。

鉴于Logistic映射是最基本也最常用的混沌映射，大多数COA方法使用Logistic映射产生混沌变量。赵欣（2012）曾经比较过多种一维混沌搜索行为，对其在解决非线性优化问题时的搜索效果进行对比，测试没有发现具有突出全局寻优能力的映射。但就搜索效率而言，Tent映射较高。

3.1.2 基于混沌搜索的特征选择

上文提到传统特征选择方法研究关注于评估方法和搜索策略。基于混沌搜索的特征选择方法在传统特征选择基础上，在使用混沌搜索策略前首先进行混沌特征映射，主要分为三个步骤（见图3.1）（申清明等，2013）。

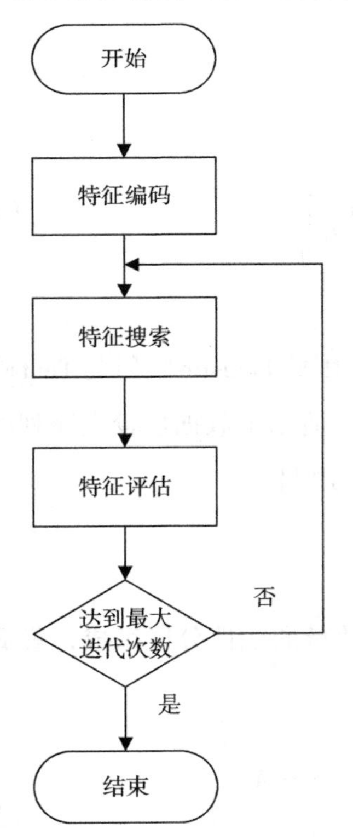

图3.1 基于混沌搜索的特征选择流程

Step 1：特征编码。选择并进行混沌映射，实现候选特征与混沌变量间转换，为之后搜索策略提供基础。假设原始特征集为$F = \{f_1, f_2, \cdots, f_D\}$，其中$D$为特征维数，$\phi(f_i)(i = 1,2,\cdots,D)$为特征$f_i$相应二进制编码，$f_i$取值为1时表示被选中，为0时表示未被选中。则选择后的特征子集为

$$F' = \{f_i \mid f_i \in F, \phi(f_i) = 1, i \in (0,D)\} \tag{3.6}$$

随后将混沌变量表示为十进制形式：

$$y = \frac{\text{decimal}(\phi)}{2^D} \tag{3.7}$$

Step 2：混沌搜索。大多研究采用经典的混沌映射logistic映射，使用混沌变量演化进行搜索选择特征。

Step 3：特征评估。同传统特征选择方法类似，大多数采用分类精确度和特征数目作为评估标准，理想子集具有最高的分类精确度和最小特征数目的子集。

反复进行Step2和Step3直至达到最大迭代次数。

3.2 代价敏感特征评估标准

通常，随着特征数目的增加，分类时间及计算复杂度也会相应增加。然而，大多数特征选择方法关注于减少相关或冗余特征，但并不考虑相关特征所涉及的代价问题。通常这些代价根据特征类型不同而不同，与计算复杂度密切相关。在实际应用中，这些代价已不容忽视，越来越多地引起学者们的关注。

本章针对基于代价的特征选择问题，除了考虑获取特征的代价（即特征本身的代价），还需要考虑误分类代价，给出总代价模型，并尝试平衡不同特征与类间的代价。目标是尽量少地选取特征，获得尽可能低的总代价成本，并权衡这些特征代价。以此目标构建代价敏感适应度函数，并应用于网络异常攻击识别。

3.2.1 问题形式化描述

通常典型分类问题会给出一组有类标的训练集，使用通用符号定义变量，并应用于网络异常攻击识别、检测中。假设在样本空间，$U = X \times Y$，训练集可以表示为 $T = \left(< x_1, y_1 >, \cdots, < x_N, y_M >\right)$，有 $X = \{x_1, x_2, \cdots, x_N\}$，$Y = \{y_1, y_2, \cdots, y_m\}$，包含$N$个样本及$m$种类别，有$x_i \in X$，$y_i \in Y$。定义$f_T: X \rightarrow Y$表示数据集$T$上进行训练的分类器，原始特征集为$F = \{f_1, f_2, \cdots, f_D\}$，其中$D$为特征维数。

特征选择问题可以看作寻找最优特征子集F'，使得$F' \subset F$并能够最大化满足适应度函数指标，同时使得F'尽可能接近最高分类精确度的优化子集。与此同时，特征子集F'数量越小，与原始空间分布越接近，其被选择的可能性越大。而适应度函数的定义，大多依赖于选择特征所包含的信息量、特征间或特征与类间相关性或分类精确度。本书在追求分类精确度的同时考虑特征选择所涉及的代价问题。

代价敏感特征选择问题是典型的最小化简化问题，又被称为特征选择最小平均总代价的优化问题（Zhao，Zhu，2014）。由于误分类代价和测试代价是最早受到关注且关注最多的，同时也因为目前还没有成熟的针对异常攻击识别的代价敏感特征选择方法，本章关注包括基于误分类代价和测试代价的代价敏感特征选择。不同于传统基于遗传算法的特征选择方法仅追求高精确率或者减少度量误差，本章研究希望最小化平均总代价，并考虑权衡误分类代价及测试代价。换句话说，我们的优化目标是最小化平均总代价。

假设误分类代价矩阵为**MC**，测试代价矩阵为**TC**，则平均总代价可以表示为：

$$\text{AvgCost}(F') = \text{argmin}_{G \in T}\left\{\sum_{F' \subseteq F}\left[\mathbf{MC}(F') + \mathbf{TC}(F')\right]\right\} \tag{3.8}$$

基于上述定义，问题转换为如何寻找平均总代价最小的特征子集，引入算法分别计算子集平均总代价，寻找最优特征子集$F' \subset F$，使得AvgCost(F')最小。由于寻找最优子集计算复杂度比较高（如子集有n个特征，则会有2^n个特征子集），且子集的随机概率分布$p(y|x)$未知，因此尽量寻找近似解而非最优解。

3.2.2 异常数据误分类代价与测试代价

现实生活中，有多种与实例相关的代价类型，如样本本身代价、误分类代价、拒识代价等，不同应用与不同代价相关，本章关注的是误分类代价和测试代价。令 $\mathbf{MC}(y_i,y_j)$ 为误将类别为 y_i 的实例预测为 y_j 的代价，表3.1为多类别分类的混淆矩阵。

表3.1 多类别混淆矩阵

		预测类别				
		y_1	…	y_j	…	y_M
实际类别	y_1	$C(y_1,y_1)$	…	$C(y_1,y_j)$	…	$C(y_1,y_M)$
	⋮	⋮	…	⋮	…	⋮
	y_i	$C(y_i,y_1)$	…	$C(y_i,y_j)$	…	$C(y_i,y_M)$
	⋮	⋮	…	⋮	…	⋮
	y_M	$C(y_M,y_1)$	…	$C(y_M,y_j)$	…	$C(y_M,y_M)$

有学者引入贝叶斯决策理论，将代价敏感分类问题转化为代价最小化的决策问题（Liu，2009）。假设概率 $p(y|x)$ 表示实例 x 属于 y 类的概率，$c(y_i,y_j)$ 为将类 y_i 预测为类 y_j 的代价，通常有 $c(y_i,y_j)=0$。优化目标转换为 x 是类 y_i 预测为类 y_j 的条件风险或最小化预期损失（Adam，2012）：

$$R(y_i|x)=\sum_{y\in Y}c(y_i,y_j)\,p(y_j|x) \tag{3.9}$$

尽管通过构建决策树评估特征选择不要求代价敏感，但此算法根据代价敏感特性排序且基于特征的重要性加权能够带来更好的评估效果。通过使用这些排序特征选择可以扩大其使用领域。算法中随机概率分布为 $p(y|x)$ 的误分类代价期望为

$$\text{Avg}\mathbf{MC}(y_i|x)=\sum_{\forall(x,y)\in S}\mathbf{MC}(y_i,y_j)\,p(y_j|x) \tag{3.10}$$

通常有 $\mathbf{MC}(i,i)=0$，即指正确分类时代价为0。另外在类不平衡状态，由

于往往现实生活中识别稀有类较之多数类更加困难且重要，因此稀有类误分类为多数类的代价大于多数类误分类为稀有类的代价。

根据2.2节特征相关知识并借鉴相关领域信用卡和移动手机欺骗检测，李克文研究小组对异常攻击识别分为三种代价因子：损失代价、响应代价和操作代价（Mattia et al.，2019）。由此，本书对异常攻击中类标为y_i的实例误分类为类标为y_j的误分类代价可以表示为y_i的损失代价与y_j的响应代价的组合：

$$\mathbf{MC}(y_i, y_j) = \mathrm{DCost}\left(y_i\right) + \varepsilon \mathrm{RCost}\left(y_j\right) \tag{3.11}$$

其中，$\varepsilon \in [0,1]$是攻击的过程和影响函数。

本章结合表2.4，考虑当前常见异常事件发生情况的同时将Normal事件也考虑在内，给出了五种类别的损失代价和响应代价，见表3.2。

表3.2　结果代价估值

主要类别	DCost	RCost
U2R	DCost=100	RCost=60
R2L	DCost=50	RCost=40
DOS	DCost=30	RCost=15
PROBE	DCost=2	RCost=7
Normal	DCost=0	RCost=0

由表2.2及表2.3可知，李克文的研究组仔细研究并分析网络审计数据及特征，并基于其计算代价将特征分为4个层次。操作代价OpCost为处理事件过程中提取和分析特征所需要花费的时间和资源代价。这里沿用耶尔维斯等（Yael et al.，2013）应用于心脏病诊断时对测试代价的假设。假设获取特征代价与每个特征层级相关，并假设所划分的属性群体相互排斥，属于相同层级的属性共享共同的启动代价。不同于心脏病诊断只有13个特征，网络异常攻击检测特征

更多，使得情况更为复杂，候选的特征子集数目呈指数级别上升。假设已经给出误分类代价和测试代价在相同的代价层级，因此，能够得到总误分类代价为两者之和。

令$\boldsymbol{G}$为特征层次关联向量，每个进入向量$\boldsymbol{G}$的特征f_t处于层级$i(1 \leqslant i \leqslant k)$，则$\mathrm{TC}_t^i$表示其测试代价，见式（3.12）：

$$\mathrm{Avg}\mathbf{TC}(I)=\frac{1}{|k|}\sum_{f_t \in I:(\exists t)G(t)} \mathrm{TC}_t^i \tag{3.12}$$

其中，$i \in \{1,2,3,4\}$，I为候选特征子集，I的特征数目为k。

3.2.3　代价敏感适应度函数的定义

不同于传统特征选择算法致力于提高分类精确度或降低错误率，本书研究重点在最小化总代价的同时权衡代价和分类精确度之间的关系。最终目标是选择最小特征子集的同时，使其总平均代价最小并保证其分类精确度的提高。分类精确度、平均总代价为设计适应度函数的两个关键要素。因此，具有高分类精确度及低总代价的个体特征能够产生较高的适应度值，也具有较高的概率被选入下一代。

本章采用基于距离的可分性判据作为基础判据。依据思想为：同类样本差异越小，异类样本差异越大，分类效果越好，即各类别间距离越大，类间散度越小的同时总代价越小，说明类别可分性越好，适应度值越高（陈果，邓堰，2011）。

令特征子集$\boldsymbol{F}'$有k个特征，定义总体类内散布矩阵为

$$\boldsymbol{L}_w=\sum_{i=1}^{m} p(x_i)E(\left[X^{(i)}-\boldsymbol{M}_i)(X^{(i)}-\boldsymbol{M}_i)^{\mathrm{T}}\right] \tag{3.13}$$

类间散布矩阵为

$$L_b = \sum_{i=1}^{m} p(x_i)(M_i - M)(M_i - M)^{\mathrm{T}} \tag{3.14}$$

其中，$p(x_i)$ 为第 i 类先验概率；$M_i = \frac{1}{N_i}\sum_{k=1}^{N} X_k^{(i)}$ 为均值向量；$M = \frac{1}{N}\sum_{i=1}^{N} X_i = \sum_{i=1}^{m} p(x_i) M_i$ 为总均值向量。

依据最近邻思想构造适应度函数，重新构建此数据集平均误分类代价 AvgCost(F')，根据最近邻方法选择每组子集，测试并训练数据集得到类内类间距离判据 $\frac{\mathrm{tr}(L_b)^n}{\mathrm{tr}(L_w)}$，给出候选特征数目 k，根据最近邻为每个特征构建特征适应度函数：

$$J = \frac{\mathrm{tr}(L_b)}{\mathrm{tr}(L_w)}^{(1+k^n)} - \frac{\lambda \mathrm{AvgCost}(F')}{k} \tag{3.15}$$

其中，$n \in [0,1]$，为两矩阵对分类性能贡献率的调节系数；λ 为适应度函数中代价影响权重。因此，选择的候选特征越少，适应度 J 越大。正好符合特征选择原则，即用最少的特征获得最高的分类精确度（陈果，邓堰，2011）。适应度值越大，越容易遗传给下一代，理想的最优适应度值为1。

3.3 基于混沌遗传的代价敏感特征选择算法CSFSG

耶尔维斯等人改进基于直方图对比的代价敏感适应度函数，并结合遗传算法提出了一种代价敏感特征选择算法CASH（Yael et al.，2013）。此算法所使用的直方图方法称为经验估值法，顾名思义即凭借经验数据得到样本的近似分布。该方法虽简单直观，但估计所得概率分布与真实分布间存在显著差异，空间维数越大，其弊端越明显。

为此我们提出了一种代价敏感特征选择方法CSFSG，用于类不平衡问题以改善不平衡状况下稀有类分类效率，并应用于异常攻击识别。此算法使用过滤式方法，不同于封装方法与特定分类紧密联系，因此可以单独使用。使用一种新的代价敏感适应度函数和基于改进Tent映射遗传搜索策略，以减少特征选择过程中产生成本，提高后续稀有类分类效率。

由于寻找最小最优代价的特征子集是个NP难问题（NP-hard problem）（Zhu et al.，2010；唐明珠，2012），尤其在不平衡状态时更为困难。因此结合学习模型，对于特征选择显得尤为重要。我们提出的CSFSG算法使用混沌遗传作为搜索策略以解决此问题。

3.3.1 混沌优化思想及步骤

由于能避免陷入局部最优的固有特性使得混沌成为一种高效搜索方法，也使其可用于优化问题。由于混沌优化方法对初始值并不敏感，很容易跳出局部最小值，以较快的搜索速度达到全局渐进收敛。大多数COA优化后的遗传算法较之传统遗传算法或其他随机搜索算法寻优效率更高。不同混沌序列的产生根据映射的不同而不同，也具有不同概率密度分布，因此也会造成算法效率的不同。COA的基本思想是首先将优化变量转换为混沌变量，通过改变混沌变量规则检查解空间每个点（Fu et al.，2014），然后通过签署扰动直至满足要求，使用当前最优解作为核并继续搜寻最优解。

混沌优化方法与遗传算法的主要不同在于其算法内部构成、映射和搜索粒度，即将原始空间映射到代码空间的方式。假设连续的优化问题可以描述为（Fu et al.，2014）

$$\min f(x_1,x_2,\cdots,x_n),x_i\in[a_i,b_i],i=1,2,\cdots,n \tag{3.16}$$

假设$x_i \in [a_i, b_i]$，使用m比特二进制代码，搜索结果的精确度x_i可以达到$(b_i - a_i)/2^m$，则搜索粒度为$(b_i - a_i)/2^m$。为改进搜索精度，同时改进编码使操作数目能够迅速增多。因此遗传算法可以仅在精确度和计算复杂度之间寻求一定平衡。混沌优化算法在全局搜索时使用混沌变量固有特性，将混沌空间映射到初始解空间。在实际应用中，混沌空间受到一定的限制。例如Logistic映射，当控制参数$\lambda=4$时，系统完全是一个混沌系统，它的混沌空间为[0,1]，精确度为10^{-3}，令原始问题解空间为l_i，则混沌优化搜索解空间为$l_i \times 10^{-3}$。在原始问题解空间，混沌优化搜索精确度较低，原始问题解达到一定数量，可以使用混沌优化与遗传算法相结合以避免错误。

通常COA算法包括两个基本步骤：首先，基于一种映射定义混沌序列生成器，生成混沌序列点并将其映射到最初设计空间的序列。COA极敏感且依赖于初始条件和参数。在许多应用中都可看到使用混沌序列替换随机序列的优势。随后，基于生成的设计点计算适应度函数，选择最小适应度函数作为当前最优点。假定当前优化在一定次数迭代之后接近全局优化，且参考点具有小混沌扰动并有规律地沿着轴方向下降。重复上述两步骤直到满足特定收敛性标准，则达到全局最优。

3.3.2 改进混沌映射

遗传算法是一种广泛流行的高性能全局搜索方法，应用于特征选择中搜索最优子集。而陈等（Chen et al.，2013）使用混沌优化遗传算法，通过分类性能高低从而去除不必要特征选择子集。沈和高（Shen，Gao，2010）提出一种基于混沌搜索的特征选择方法以提高焊缝检测的分类精确度。基于上述规则，混沌运动可以在一定程度上不重复地遍历所有状态，混沌优化算法极大程度地改进了遗传算法低搜索效率的局限。

大多研究引进较为普遍的logistics映射（Shen，Gao，2010），但其产生序列边界点多、分布不均匀、内部较为分散，造成遗传算法初始种群的不对称。通过比较10种一维混沌映射的覆盖率算法速率和精确度，塔瓦佐伊和海瑞（Tavazoei，Haeri，2007）发现没有一种单独的映射具有最优全局优化能力。他们发现，其中Tent映射具有较好的最大覆盖率。

本章采用的Tent映射数学表达式参考式（3.2），当$\lambda = 2$时，即为典型的Tent映射，表达式如下：

$$x_{n+1} = \begin{cases} 2x_n & x_n \in [0,0.5] \\ 2(1-x_n) & x_n \in (0.5,1] \end{cases},\ n = 0,1,2,\cdots \tag{3.17}$$

通过伯努利变换转换为如下表达式：

$$x_{n+1} = \begin{cases} 2x_n & x_n \in [0,0.5] \\ 2x_n - 1 & x_n \in (0.5,1] \end{cases},\ \mathrm{n} = 0,1,2,\cdots \tag{3.18}$$

分段表达式（3.18）可以压缩为一个表达式：$x_{n+1} = (2x_n)\bmod 1$（$x_n \in [0,1]$ $n = 0,1,2,\cdots$），也为Bernoulli shift变换的特例。配置随机公式改进Tent映射（Fu et al.，2014），表达式为

$$x_{n+1} = \begin{cases} 2x\left[_n + 0.1 \times \mathrm{rand}(0,1)\right] & x_n \in [0,0.5] \\ 2\left\{1 - \left[x_n + 0.1 \times \mathrm{rand}(0,1)\right]\right\} & x_n \in (0.5,1] \end{cases},\ n = 0,1,2,\cdots \tag{3.19}$$

在此随机公式扰动下，Tent映射能够在很小周期或者固定点达到混沌状态以改善遍历特性，更好地实现全局混沌优化。选择两个不同初值，分别对原始Tent映射和改进的Tent映射迭代1000次，得到二维混沌序列分布状态，模拟映射遍历性分布情况如图3.2所示。可见改进的Tent映射分布较原始Tent映射更为均匀，说明其随机性更好。

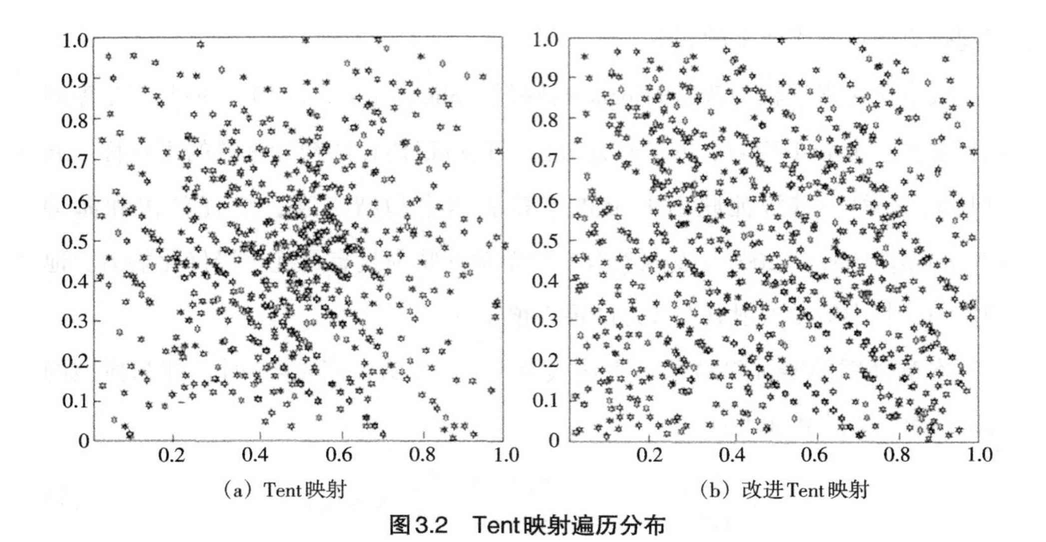

（a）Tent映射　　（b）改进Tent映射

图3.2　Tent映射遍历分布

3.3.3　CSFSG算法流程及步骤

尽管遗传算法是一种很好的全局搜索方法，但实际应用中，其容易过早收敛使得后期进化搜索效率较低。而混沌运动的固有特点在一定程度上可以覆盖所有状态，能够弥补这一缺点（Shen，Gao，2010）。虽然COA展现了在非线性函数优化上的显著性能，但由于其启发式和随机属性经常性陷入局部最优，使其局部搜索性能受到影响。本章引入异常攻击识别相关代价因素，结合代价敏感机制到特征选择方法，主要关注基于异常攻击识别的代价敏感特征选择算法及其相关研究。在特征选择阶段可以使用此算法得到特征子集以提高分类系统效率及精确率，减少学习所需占用的资源。算法流程如图3.3所示。

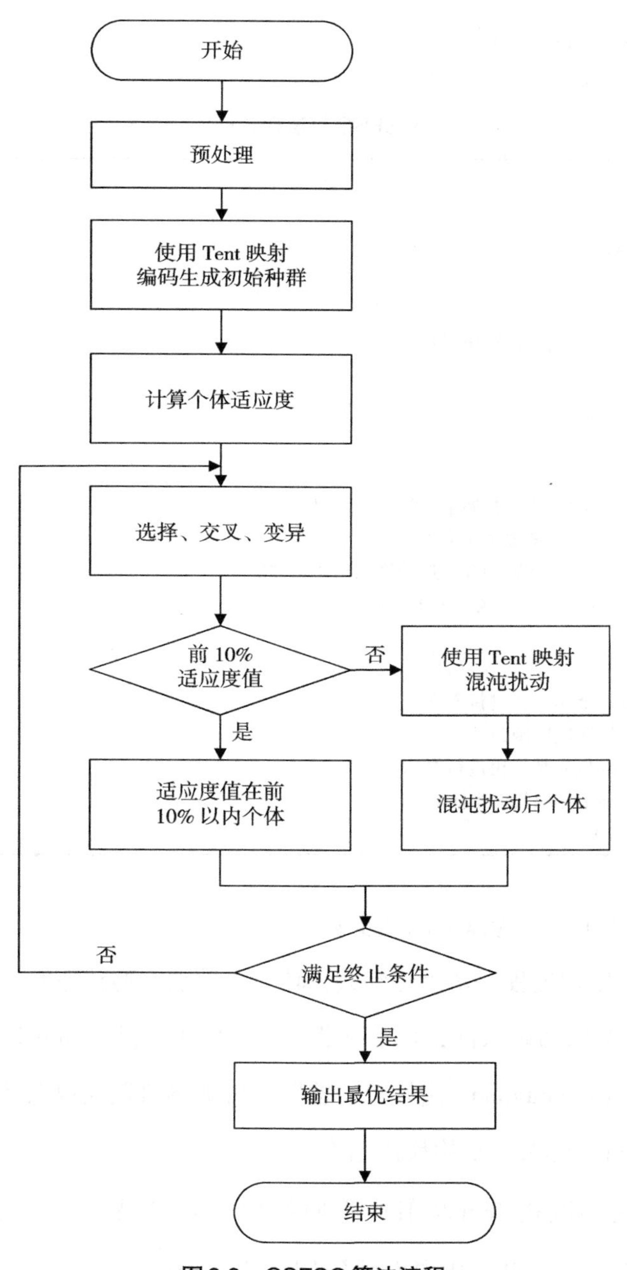

图3.3 CSFSG算法流程

CSFSG算法伪代码如下。

CSFSG算法伪代码

输入：
T：训练集空间
MC：误分类代价矩阵
TC：测试代价矩阵
AC：平均总代价
输出：RSubset：最接近的特征结果子集
Step1：预处理步骤
1.计算数据集先验代价
2.循环每个特征：
3.计算平均总代价
Step2：基于改进Tent映射构建初始个体种群并编码
Step3：计算每个个体代价敏感适应度函数
Step4：应用基于改进Tent映射的混沌遗传算法到初始种群
1.在初始种群中加入混沌干扰策略到遗传算法
2.REPEAT
3.选择种群
4.应用混沌优化搜索个体，创建新个体
5.计算每个个体新的适应度函数
6.对适应度值前10%以外特征再进行混沌扰动
7.更新当前种群（新个体取代旧个体）
8.UNTIL（终止条件）

CSFSG算法主要分为以下四个步骤。

Step 1：预处理过程。初始化参数，转换离散数字型特征并标准化，使其值范围在[0,1]，给出初始条件、初始种群数目、后代数目、probability of crossover（p_c）、probability of mutation（p_m）等。按照代价敏感启发式规则计算误分类代价矩阵、测试代价矩阵及总平均代价矩阵。

Step 2：使用改进Tent映射产生原始种群并编码。初始种群$\vec{P}(0)$由式(3.19)随机产生，i=0。基因$I=[I_a,I_b]=[I_1,I_2,\cdots,I_r,I_{r+1},\cdots,I_{r+q}]$使用二进制编码。

Step 3：根据代价敏感适应度函数计算种群$\vec{P}(i)$中每个个体适应度，构建基于最近邻的特征适应度函数。

Step 4：应用混沌遗传算法，采用改进的混沌遗传搜索最优候选特征子集，计算每个新个体适应度，并更新种群。对于适应度函数值在前10%的种群$\vec{P}(i)$不再进行混沌扰动，但会进入下一代基因操作。其余90%种群个体进行混沌扰动，k次迭代后使用迭代公式（3.19），计算混沌向量，k被用于确定混沌序列迭代数目。在混沌扰动之后计算新适应度J'，$\vec{P}(i)$选择最优个体更新第i代$\vec{P}(i)$为$\vec{P}(i+1)$，生成新个体取代旧个体。判定种群$\vec{P}(i)$适应度收敛情况。如果计算结果收敛或者达到最大迭代次数，则终止，算法输出解，否则重复。

3.4　实验验证

本章实验借助Weka平台、MyEclipse集成环境，使用JAVA高级程序语言搭建实验环境（相关工具资料见链接：http://www.cs.waikato.ac.nz/ml/weka/index.html）。实验硬件环境配置为：一台安装windows 7操作系统的PC台式机（基本配置为：intel(R) Core(TM) i5-4200U CPU @ 1.60GHz 2.30GHz，4.00GB内存）。

构建一系列实验用于对比，以验证本书提出算法的有效性。本节首先介绍所用参数设置和评估方法，然后详细描述相关对比实验设计及结果，最后对结果进行讨论。

对比使用算法选取如下：

基于属性的特征选择算法（Hall，1999）（Correlation-Based Feature Selection，CFS）：非代价敏感特征选择算法，较之wrapper CFS等基于属性的非代价敏感特征选择算法，更适用于处理数据量较大的情况。

直方图的代价敏感特征选择算法（Yael et al.，2013）（Cost-sensitive Attribute Selection Algorithm Using Histograms，CASH）：同时考虑测试代价和误分类代价的代价敏感特征选择算法，使用直方图评估，使用分组方法的代价敏感特征选择算法在众多领域中较之其他传统基于遗传算法的特征选择算法优势明显。

为比较不同特征的选择算法，通过平均总代价（平均误分类代价和测试代价总和）进行评估。相关文献均采用了平均总代价的度量方式，可以用于参考（Yael et al.，2013；Bolón-Canedo et al.，2014；Freitas et al.，2007）。平均总代价值越小说明算法性能越好。基于训练集使用特征选择算法选择子集，随后将没有选择的特征从相应训练集中淘汰。最后，引入一个代价敏感决策树在测试集上进行评估，并比较每个算法的运行时间。

由于本书的特征选择算法是过滤式，不依赖于分类器，故本书选用k最近邻（k-nearest neighbor classifier，k-NN）和决策树两种比较典型的分类器以验证算法的通用性。相应算法选择k-NN和C4.5，其中$k = 5$。

设计两阶段实验以方便对比：特征选择和分类阶段。在特征选择阶段，不平衡环境状态和同样情况下比较不同的特征选择算法的平均总代价比例［具体计算方式见式（3.21）］、选择特征的数目及运行时间。在分类阶段，同样是不平衡状态下，使用两种不同的分类器通过10折交叉迭代进行对比，权衡分类精确度，度量标准使用更适用于不平衡数据集的方法。

3.4.1 实验数据集及参数设置

本实验采用KDD CUP'99公共数据集，属于典型的不平衡数据集，具体特性见第二章。本文针对不平衡数据集，使用Weka对其进行处理，将其中的离散属性数值化，之后把所有41个属性的数据规范化到[0,1]。原始数据集具有494 021个实例，24种攻击类型分为5个大类（Normal、DoS、U2R、R2L和Probe）。四种主要攻击实例个数及分布情况见表3.3。

表3.3　原始实验数据集类分布情况

类型	Normal	DoS	U2R	R2L	Probe
数目	97 278	391 458	52	1126	4107
占比/%	19.61	79.23	0.01	0.23	0.83

本章所提出的代价敏感特征选择方法旨在追求误分类代价最小化的同时减少冗余特征以提高分类效果。基于混淆矩阵，最小化错误数量Err_c并进一步利用代价敏感方法构建最小化误分类代价Cost：

$$\mathrm{Err}_c = \frac{N_{y_i y_j}}{N} \tag{3.20}$$

$$\mathrm{Cost} = \sum_{\forall(x,y)\in X\times Y} N_{y_i y_j} \times C(y_i, y_j) \tag{3.21}$$

其中，$N_{y_i y_j}$为将y_i类错误预测为y_j类的数量；N为测试集样本总数量。

在每个数据集上重复实验20次，取平均值作为实验结果。本书重点讨论代价敏感特征选择算法执行过程中代价敏感适应度函数的表现，遗传算法本身的参数优化不在讨论范围内，设置实验参数如下：population size=50，number of generations=100，probability of crossover=0.6，probability of mutation=0.05，混沌映射迭代次数为500，采用欧式距离作为识别器。

近年来，保伦-坎都及他的团队（Bolón-Canedo et al.，2014）试图发现参数λ的变化对方法行为所带来的影响。研究表明随着λ的增大，特征关联性所引发的代价成本显著升高，也就意味着较小的λ在通常情况下会产生较低的总代价成本以及较低的错误率。这里的错误可通过Kruskal-Wallis统计测试获得，有助于辅助对参数λ进行选择（Bolón-Canedo et al.，2014）。本章λ的选值以总代价成本为主要评估条件，取值范围在0~0.5，步长为0.1，综合评估，最终选值为$\lambda = 0.3$。

3.4.2 特征选择比较实验

表3.4第一列列出特征选择方法，其中“—”表示不进行特征选择；第二列为特征选择算法运行的平均总代价比例（令不使用特征选择方法总代价为基础1，其余方法与其相比）；第四及第五列为分别使用*k*–NN及C4.5与不同特征选择算法的实际运行时间（秒），由于CSFSG和CASH均是一种过滤式的特征选择方法，这里运行时间为其特征选择阶段和分类阶段分类器构建时间总和。

表3.4 不同特征选择算法总代价比例、选择特征数目及运行时间

特征选择算法	平均总代价比例	特征数目	运行时间（使用*k*–NN）	运行时间（使用C4.5）
—	1	41	0.16	17.12
CFS	0.60	11	0.04	2.78
CASH	0.28	23	0.21	33.14
CSFSG	0.19	17	0.05	7.19

由表3.4可看出，较之不使用特征选择及使用传统非代价敏感特征选择方法，代价敏感特征选择方法选择的特征较多，但其所需总代价较少。另外，本章提出的代价敏感特征选择算法CSFSG与CASH比较，所选特征和平均总代价均较少。

3.4.3 分类效果验证性实验

分别使用不同的特征选择及分类算法，采用*F*–Measure、Recall、ROC Area评估最终分类结果，见表3.5、表3.6及表3.7。

表3.5　不同特征选择方法下使用k–NN、C4.5算法分类评估结果（F–Measure）

特征选择方法	分类器	Normal	DoS	Probe	R2L	U2R
—	k–NN	0.996	0.998	0.990	0.936	0.876
CFS	k–NN	0.997	0.998	0.990	0.938	0.899
CASH	k–NN	**0.999**	**0.998**	**0.990**	0.936	0.866
CSFSG	k–NN	0.997	0.997	0.988	**0.942**	0.914
—	C4.5	0.997	0.998	0.988	0.963	0.966
CFS	C4.5	0.997	0.998	0.988	0.967	0.966
CASH	C4.5	0.997	0.989	**0.969**	0.942	0.963
CSFSG	C4.5	**0.997**	**0.998**	0.954	**0.966**	**0.967**

表3.6　不同特征选择方法下使用k–NN、C4.5算法分类评估结果（Recall）

特征选择方法	分类器	Normal	DoS	Probe	R2L	U2R
—	k–NN	0.996	0.998	0.986	0.779	0.6
CFS	k–NN	0.997	0.998	0.78	0.724	0.8
CASH	k–NN	**0.999**	0.998	**0.971**	0.75	0.4
CSFSG	k–NN	0.997	**0.998**	0.964	**0.794**	**0.6**
—	C4.5	0.997	0.998	0.971	0.735	0.4
CFS	C4.5	0.997	0.998	0.788	0.75	0.2
CASH	C4.5	0.997	0.989	0.967	**0.75**	0.4
CSFSG	C4.5	**0.997**	**0.998**	**0.969**	0.739	**0.6**

表中加粗数值为每列同等情况时的最高值。前两列（Normal和DoS）各项指标显示对于使用哪种特征选择方法没有明显区别，说明由于在训练集中实例数目较多属于多数类，更利于分类，所以分类效果均较好。相对而言，后三列（Probe、R2L、U2R）的各项指标较低，这是由于在训练集中数目较少属于稀有类，缺乏足够利于分类的信息。尤其U2R攻击由于在数据集中极为稀少，差距最为明显。

表3.7　不同特征选择方法下使用k–NN、C4.5算法分类评估结果（ROC Area）

特征选择方法	分类器	Normal	DoS	Probe	R2L	U2R
—	*k*–NN	0.996	0.998	0.990	0.983	0.899
CFS	*k*–NN	0.999	0.998	0.986	0.977	0.990
CASH	*k*–NN	0.999	0.998	0.988	0.938	0.889
CSFSG	*k*–NN	0.998	0.999	0.993	0.948	0.889
—	C4.5	0.999	0.998	0.992	0.937	0.579
CFS	C4.5	0.997	0.998	0.963	0.886	0.733
CASH	C4.5	0.997	0.989	0.998	0.887	0.721
CSFSG	C4.5	0.997	0.999	0.997	0.936	0.735

由表3.5至表3.7可以看出，同等情况下使用了代价敏感特征选择方法（CASH和CSFSG）的F值、召回值和ROC值均较高。较之较为优秀的代价敏感特征选择算法CASH，本章提出的方法在同等情况下大多性能较好，尤其对稀有类（R2L和U2R）提升效果显著。

综上可知，虽然存在少量异常值，但从表3.5至表3.7中基本可以看出特征选择方法的使用有助于分类模型从已知攻击中识别出异常攻击。而代价敏感特征选择方法更利于提升稀有类别的识别率。虽然本章提出的代价敏感特征选择算法不能大量节约异常攻击识别时间，但能有效降低误分类代价及测试代价，对于稀有类的识别有显著效果，尤其适用于类不平衡环境中稀有类识别。

3.5　本章小结

针对网络安全数据日益增长所面临的多维及不平衡问题，结合遗传算法和混沌优化算法的各自优点，本章提出基于Tent映射的混沌遗传搜索用于代价敏感特征选择算法。该算法引入代价敏感学习理论到特征选择方法，同时考虑网络安全领域中相关误分类代价和测试代价，应用到网络安全领域用于异常攻击识别分类。实验结果表明，使用改进混沌遗传搜索的代价敏感特征选择算法能有效降低特征选择阶段算法的复杂度及总代价成本，提高算法效率。与此同时，有效提高后续分类精确度，且更加适用于稀有类数据的分类。

鉴于代价敏感学习的领域特性以及数据集限制，本章工作受限于网络安全领域。但随着技术研究的发展，数据不断丰富，领域代价模型日趋完善，基于代价敏感的特征选择将受到更多关注。而基于混沌搜索的策略将有助于提升其处理效率。下一步研究将侧重于设计注重快速高效的代价敏感特征选择算法，进一步改善代价敏感学习效率。

第4章　基于文化基因构架的高效代价敏感特征选择算法

三网融合的网络发展态势必然会带来网络数据的不断变化，其多维、异构性等特性为数据采集及分析工作带来困难的同时，同样也增加了对算法的要求。大数据时代需要处理速度更快、处理能力更强、更准确的分析工具，同时考虑到资源受限等因素往往需要分析工具付出更小的代价。因此，针对网络不平衡数据集的高效代价敏感特征选择算法的研究变得紧迫而有意义（Freitas et al.，2007）。

本章使用文化基因架构的搜索策略，即采用群搜索和文化进化局部搜索相结合。当前文化基因特征选择算法大多关注分类结果，如杨（Yang，2008）在分类之前结合ReliefF特征选择方法对文化基因进行特征选择以提高分类精度。坎楠等（Kannan et al.，2010）提出一种基于相关性的文化基因算法在大规模基因微阵列数据中进行分类实验，其性能良好。将文化基因架构引入代价敏感特征选择，并逐渐趋于全局与局部搜索间的权衡，除了能够减少特征数目，对提高分类精度也有一定的效果。蒙塔泽里等（Montazeri et al.，2013）使用皮尔逊相关系数作为过滤器提出了一种文化基因特征选择方法。李等（Lee et al.，2015）首次提出针对多类分类问题的文化基因特征选择算法，引入局部搜索到遗传算法（GA），提升搜索速度的同时提高多类分类精度。

以上相关研究大多基于文化基因构架改进特征选择算法，以达到最小化误分类错误率或提高分类性能的目的。然而，据调研还没有相关研究关注到特征选择或分类过程中产生的代价因素。本章受贝叶斯决策理论的启发，通过最小化条件风险，从误分类代价的角度构造代价敏感评估标准，并结合遗传算法与马尔科夫毯两者优点提高搜索速率，引入较传统遗传算法更优秀的文化基因构架，提出一种基于文化基因构架下的高效代价敏感特征选择方法应用于入侵检测数据集，以达到提高其分类效果的目的。实验结果表明，本方法较传统文化基因特征选择算法能有效减少特征选择误分类代价且在一定程度上提高分类精确度。

本章组织结构如下：4.1节首先介绍了基于文化基因构架的特征选择算法现状及模型；4.2节提出一种新的适用于多维数据集的适应度函数；4.3节介绍改进基于马尔科夫毯的局部搜索过程；4.4节使用相关算法进行对比实验验证算法有效性；4.5节对本章进行总结。

4.1 基于文化基因构架的特征选择

莫斯卡托（Moscato，1994）首次提出文化基因“memetic algorithm”(MA)的概念，即引入局部搜索过程到进化算法，以弥补其搜索范围大、搜索结果粗糙的不足，并证明了文化基因算法在算法性能上优于遗传算法（Yu et al.，2013；Freitas，Costa-Pereia，2007；Zhu et al.，2007）。近年来研究成果表明，文化基因算法较之大多数传统进化算法收敛效果好，更加高效。

作为基于种群的搜索方法，文化基因算法还能够很好地处理高维问题，甚至是具有上千特征的微阵列数据集（Zhu et al.，2007；刘华文，2010；周家锐，2014；Abdi，Hashemi，2016）。杨等（Yang et al.，2008）设计了基于图处理单元（Graphics Processing Units，GPU）的MA-SW-Chains文化基因算法，其并行结构大幅度降低了处理时间。朱等（Zhu et al.，2010）提出了两种文化基因算法：Wrapper-Filter Feature Selection Algorithm（WFFSA）和 Markov-Blanket Embedded Genetic Algorithm（MBEGA）（Zhu et al.，2007）。两者均基于文化基因算法架构使用局部搜索方法微调遗传算法种群搜索过程，前者采用多特征过滤排序，后者采用马尔科夫毯技术。实验证明两者性能均非常好，特别是后者冗余特征较少。

4.1.1 文化基因算法设计及框架

本节我们简单介绍文化基因架构下基于遗传算法的特征选择方法框架，首先要考虑几个设计要点（Zhu et al.，2007）。

度量问题：基于动态调整机制的算法框架，应具有精确评估特定算子迭代性能的能力。全局优化时，将种群全局或者平均适应度值提升情况与最优个体单独或者较优个体平均适应度值提升情况共同作为度量标准。而局部寻优时，则选择目标个体或者全局适应度值提升情况作为度量标准。由于度量标准间的冲突性，因此在适应度函数的设计中权衡取舍进而达到综合效果最佳显得尤为重要。

均衡问题：全局优化用于获取种群多样性，维持算法探索能力；而局部寻优则用于加快搜索速度从而提升算法运行效率（Zhu et al.，2007）。因此基于适应度函数与资源环境进行适度调整显得尤为重要。

结构问题：由于文化基因算法构建在迭代过程之上，可将其视为一个全局搜索结合若干个局部搜索对种群优化的过程，因此全局与局部搜索算子间的衔接是算法关键。

由此文化基因算法分为以下几个部分，其标准流程见图4.1。

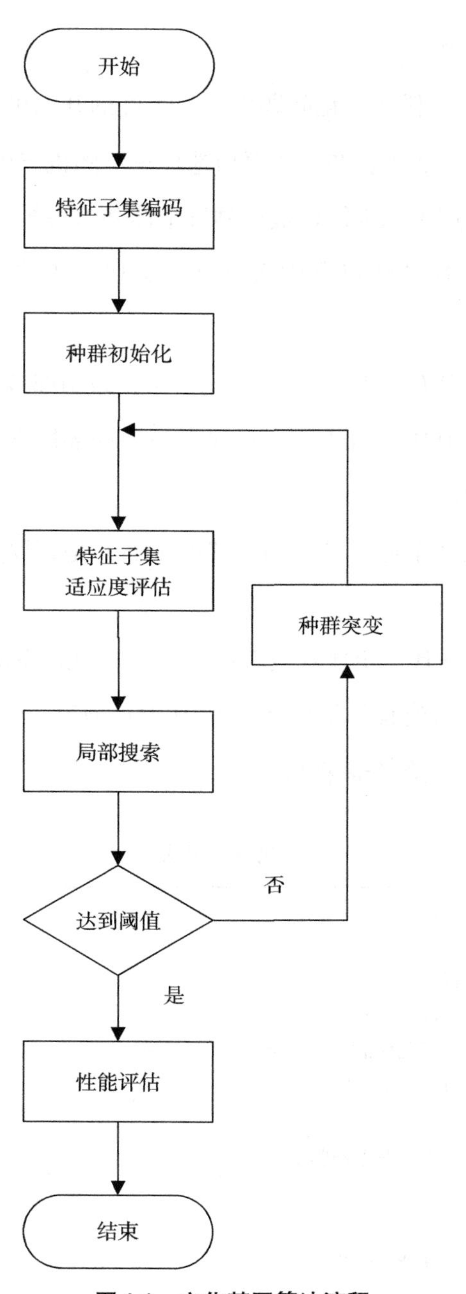

图4.1 文化基因算法流程

算法核心要素如下。

原始种群$\vec{P}(0)$：在任何优化问题中，一个好的开始可以决定收敛速度的最优。在本章文化基因算法中，初始种群由遗传算法随机产生。

选择：选择算子用于识别统计最优种群个体并除去最差的。

交叉算子：在每次迭代过程中选择种群父代个体并重新组合得到新个体（子代）。

局部搜索策略集合$L=(L_1,L_2,L_3,\cdots,L_S)$：又称为局部搜索策略池，应用于新个体以提高其质量。其中，$L_i(1\leqslant i\leqslant s)$代表一种局部搜索算子，也可称为一个meme（刘华文，2010）。

插入条件：决定新个体（结果为子代的个体）是否要加入种群中以替换已有个体。

停止条件：通常迭代一定次数或者运行一定时间后停止搜索过程。

标准文化基因算法流程如下所示。其中$P(t)$为第t代初始种群，$P_{local}(t)$为第t代选中进行局部搜索的个体种群。

文化基因算法

BEGIN

1. $t\leftarrow 0, J(F_c)\leftarrow 0$
2. 初始化: 随机产生初始种群$P(t)$
3. While（不符合中止条件）do
4. 基于适应度函数$J(F_c)$全局优化评估$P(t)$中每个解的适应度
5. 选择精英个体c_b到$P_{local}(t)$进行局部搜索
6. for $P_{local}(t)$中每个个体do
7. 使用拉马克学习改进c_b为c_b'局部优化进化个体
8. end for
9. If 种群收敛 then restart $P(t)$
10. 运行选择，重构和变异创建新种群$P(t')$
11. End While

END

4.1.2　适应度函数

通常，特征选择问题的目标是在原始特征集中选择出一组具有代表性的特征子集，通过定义子集评价函数来实现。这组子集中特征与类别相关性强，且彼此间相关性弱。因此最简单的定义适应度函数的方式是根据分类精确度来定义（Zhu et al.，2010）：

$$\text{Fitness}(c) = J(F_c) \tag{4.1}$$

其中，F_c为与染色体c编码相对应的特征子集；特征选择标准函数$J(F_c)$用于评估特征子集F_c的重要性，同时，$J(F_c)$亦表示F_c分类精确度。

特征选择的目标是在最大化分类精确度的同时尽量选择数目最小的特征子集（Yael et al.，2013）。通过建立聚集函数，即以泛化误差和所选特征数目定义线性适应度函数。分类精确度较之特征集特征数目更加重要。包含泛化错误率的适应度函数可以定义为（Zhu et al.，2010）：

$$\text{Fitness}(c) = J(H, F_c, \alpha) \tag{4.2}$$

其中，H为使用的分类器；α则为如训练错误率、交叉迭代、bootstrap等评估分类错误的方法。如果两个染色体具有相似的适应度，那么α数值较小的特征具有较大可能性进入下一代。

4.1.3　局部搜索策略

文化基因架构的核心是选择局部学习策略。大多数研究使用领域知识和启发式相结合以达到高效率搜索。正如之前所述，局部搜索策略池$L = (L_1, L_2, L_3, \cdots, L_S)$是由若干搜索策略组成。最简单的早期文化基因算法都只基于一种局部搜索策略，即$s = 1$（Zhu et al.，2007）。在这种情况下，文化基因算法被称为多维静态算法，由于采用的是单一局部搜索策略，其在解决较复杂或动态问题时遇到困难，不仅极大地削弱了算法健壮性，更限制了算法在实际应用中解决问题的能力。

随着问题的多样化及研究的深入，局部搜索算子的使用向多种或者多种相结合的方向发展。本章使用局部搜索过程由两个启发式操作组成，命名为“加”算子和“减”算子（ADD和DEL）（算法流程分别如下）（Zhu et al.，2007）。ADD算子采用相关性度量加入特征到候选特征子集，同时DEL操作不仅使用相关性度量而且使用冗余度量从选择的子集中移除特征。

ADD算子算法流程

BEGIN

1.基于某种度量（如C-correlation）对F''中特征降序排列

2.使用某种排序方法在F''中选择一个特征f_i，f_i度量值越高的特征越有可能从F''中被选入F'。

3.加入f_i到F'

END

DEL算子算法流程

BEGIN

1.基于某种度量（如C-correlation）对F'中特征降序排列

2.使用某种排序方法在F'中选择一个特征f_i，此时f_i度量值越低的特征越有可能被选中到F''

3.除去$F' - \{f_i\}$中所有特征，如果没有特征需要除去，则去掉f_i自己

END

由于所选的特征子集被编码为染色体c，设F'和F''分别为编码后所选择的和去掉的特征子集。ADD算子将F''中特征插入到F'，同时DEL算子将F'中特征移除到F''。关键问题是使用什么方法从特征子集中插入或移除特征。

ADD算子：使用某种排序方法在F''中选择特征并将其移动到F'。

DEL算子：使用某种排序方法将F'中选择特征并将其移动到F''。

4.2　基于文化基因构架的高效代价敏感特征选择算法

本章关注基于误分类总代价的代价敏感特征选择问题，并将其转换为误分类总代价最小化的特征选择问题，由此代价敏感适应度函数的设计显得尤为重要。首先通过引入贝叶斯决策理论，考虑误分类代价因子，将其作为算法设计度量之一，构造基于代价敏感的适应度函数；随后为提高遗传算法种群搜索性能，基于文化基因构架，引入多类别局部细化方法，改进马尔科夫毯局部搜索；最后，提出一种新的基于文化基因构架的高效代价敏感特征选择方法（Cost-sensitive feature selection with memetic framework，CFSM）。

4.2.1　动机与方法

算法的设计目标是通过选择最优特征子集以提高分类精确度并减少分类过程总误分类代价。文化基因框架下，使用遗传算法GA作为全局搜索算法，使用条件信息相关系数（Condition information correlation coefficient，CCC）作为局部搜索度量标准。采用启发式算子ADD和DEL进行局部搜索改进适应度并微调GA，提高搜索效率，防止局部过优。其中，ADD算子通过过滤排序选择相关特征，DEL算子使用近似马尔科夫毯技术减少冗余或不相关特征。本算法基于将遗传搜索和局部细化相结合的设计思想，其中局部搜索过程如图4.2所示。

首先，我们需要考虑如何选择一个染色体在遗传算法种群进行局部改进。在传统的文化基因算法中，通常采取将局部搜索细化到所有个体染色体种群的做法，效率非常低下。

其次，我们应该采用一种合适的局部细化算子用于多类标学习，这也关系到memes细化。局部细化算子应该能够对特征与多类标之间的依赖性进行度量，由此从预选特征子集中添加或移除不相关或冗余特征。

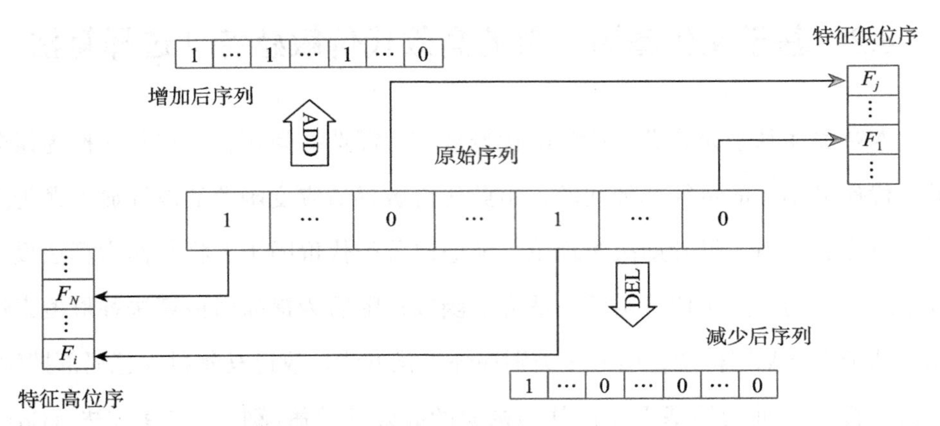

图4.2　局部搜索关系

再次，文化基因算法的设计在分配局部细化时的计算代价与效率受到遗传搜索和局部细化算子平衡情况的影响。

最后，我们也需要考虑ADD和DEL算子过度细化时可能会增加总算法执行时间的问题，此时需要在搜索过程中逐渐改变细化算子的数量。

4.2.2　染色体编码及种群初始化

首先，遗传算法种群随机初始化，编码候选特征子集。在典型的分类问题中，训练集样本包含类标。假定在样本空间，给定数据集$S=\{(x_i,y_i)\mid i=1,2,\cdots,n\}$，由$n$个样本组成，且每个样本均由$m$维特征向量表示，其中$x_i=\left[f_1,f_2,\cdots,f_m\right]^{\mathrm{T}}\in R^m$，$y_i\in\{1,2,\cdots,s\}$，$s$为样本集的类别数。

在特征选择方法中使用文化基因构架，首先将候选特征子集编码为一个染色体，采用长度等于特征总数量的二进制字符串编码表示。设特征维数为m，则染色体为长度为m的字符串，每个比特位代表一个特征（图4.3），“1”表示对应特征被选择，“0”表示没被选择。然后使用遗传算法搜索随机产生k个长度为m的字符串作为初始种群。

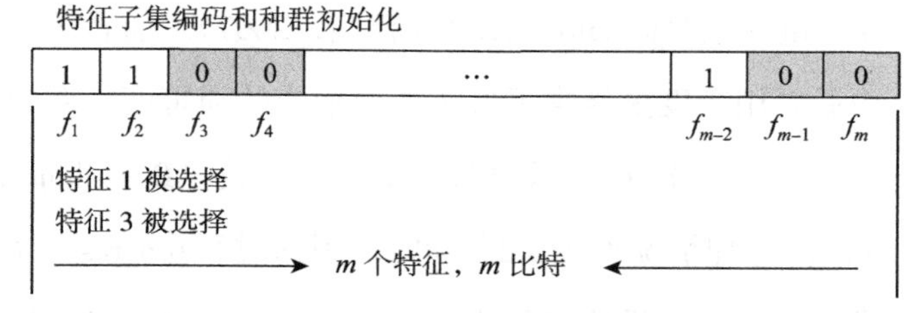

图4.3　染色体二进制位串表示

4.2.3　基于代价敏感的适应度函数

代价敏感特征选择问题即最小化特征选择平均总代价的问题，是典型的最小化问题（Yael et al.，2013）。特尼（Turney，2000）在其文献中详细介绍了多种与分类相关的代价因子，其中最受研究者关注的是误分类代价。本书工作重点是基于误分类总代价最小化的特征选择问题。较之精确度，总代价是稀有类分类应用中更为实际的度量方式之一。

不同于传统的特征简化问题，代价敏感特征选择问题需要考虑实际应用中数据的领域特性，对于不同数据集，选择的特征子集很大程度上依赖于权重的选择，因此根据数据集不同，关注权重的同时需要权衡精确度及度量误差以优化目标。特征选择问题最终目标指向简化特征集并提高分类精度的同时，更要求最小化特征集误分类总代价。不同于传统特征选择算法以追求分类精确度或者降低度量误差为基本目标，本章使用代价因子作为约束条件优化以分类为基本目标的普通适应度函数，并在追求特征简化的同时权衡分类精确度与误分类总代价。代价敏感适应度函数为

$$\text{Fitness}(c) = J(H, F_c, \alpha, \text{MC}) \tag{4.3}$$

其中，λ 为代价对适应度函数影响权重；MC 为平均误分类代价。

同样考虑在网络环境下，异常数据所造成的损失由两个要素来量化：危急

度criticality（Cr）和致命度lethality（Le）（靳燕，2007）。前者用于度量攻击目标的重要性；而后者用于度量异常事件可能会造成的损害度，即异常事件的基础损失。因此，lethality（Le）可以记为基本损失代价（Base damage cost），标记为DCost_b，其估值分配情况见表3.2。同时，引入过程progress（P）度量对目标事件的攻击进行程度，即目标损失代价与该事件使得自身最大损失代价的百分比（靳燕，2007）。由此，可以动态计算损失代价DCost为

$$\mathrm{DCost} = \mathrm{Cr} \cdot P \cdot \mathrm{DCost}_b \tag{4.4}$$

同样的，为每种攻击分配基本响应代价（Base response cost），标记为RCost_b，其估值分配情况见表3.2。考虑异常事件目标重要程度，可以动态计算其响应代价RCost为

$$\mathrm{RCost} = \mathrm{Cr} \cdot \mathrm{RCost}_b \tag{4.5}$$

同第3章所述，动态误分类代价依然由动态损失代价及响应代价组成。

4.2.4 改进基于马尔科夫毯的局部搜索过程

文化基因算法与遗传算法的流程较为相似，显著区别是较之遗传算法在进化重组后多了一个局部优化搜索过程。其保留了GA和局部搜索算法优点，具有更好的全局搜索能力并防止算法陷入局部收敛，提高算法搜索到全局最优速度。由于实际情况中数据分布预先未知，大多数度量方法不能准确度量特征间非线性关系，研究表明多数情况下，在多维特征选择算法中使用基于熵的信息度量优于其他标准（Adam，2012）。

已知$I(X,Y)$为互信息，表示两个变量间共同拥有的信息含量，$H(X|Y)$为条件熵，表示为公式（4.6）、公式（4.7）

$$I(X,Y) = \sum\sum p(X,Y)\log\frac{p(X,Y)}{p(X)\,p(Y)} \tag{4.6}$$

$$H(X|Y) = -\sum\sum p(X,Y)\log p(X,Y) \tag{4.7}$$

其中，$p(X)$、$p(Y)$分别为随机变量X和Y的变异概率分布。

本书采用条件信息相关系数（Condition information correlation coefficient，CCC）作为局部搜索度量标准，计算如公式（4.8）（Freitas et al.，2007）：

$$\text{CCC}(X,Y) = \frac{I(X,Y)}{H(X|Y) + H(Y|X)} \tag{4.8}$$

基于数据集固有特性，为提高算法速率保证其高效性，参考相关文献，我们选择搜索效率高的过滤式排序方法作为局部搜索中ADD算子的启发式搜索方法（Zhu et al.，2010；Zhu et al.，2007）。ADD算子定义如下。

ADD算子：分别对F'和F''中特征降序排列，线性排序选择，选择F''中$\text{CCC}(f_j,Y)$评估质量最高的特征f_j加入到F'中，使其适应度函数取得最大值，更新$F' = F' \cup \{f_i\}$，$F'' = F'' - \{f_i\}$，其伪代码如下。

ADD算子伪代码

Procedure ADD $F'(t)$

BEGIN

1. 基于CCC对$F''(t)$中特征降序排列 //通过$F''(t)$定位没有选择的特征
2. 寻找最优特征子集$\{f_i\}$
3. $F''(t) \leftarrow F''(t) - \{f_i\}$
4. $F'(t) \leftarrow F'(t) \cup \{f_i\}$ // 加入$\{f_i\}$到$F'(t)$
5. return

END

使用近似马尔科夫毯技术作为局部搜索的启发式搜索方法（Zhu et al.，2010；Zhu et al.，2007；刘华文，2010；周家锐，2014；Abdi，Hashemi，2016）。马尔科夫毯最早被用于描述图中节点与邻居节点间的关系，随后逐渐被用于特征选择算法中以删除冗余或无关特征，最终获取最优特征子集（Abdi，

Hashemi，2016；Bolón－Canedo et al.，2014；Liu et al.，2014），设$f_i \in F$，$H \subseteq F$，且$f_i \notin H$，如果满足：

$$P(F-H-\{f_i\},Y \mid f_i,H)=P(F-H-\{f_i\},Y \mid H) \tag{4.9}$$

则称H为f_i的马尔科夫毯。由此可知，如果特征f_i对特征集H有一个马尔科夫毯，则f_i相对H对类别Y不提供任何有用信息，f_i可能会被考虑为冗余特征而被移除。因此对于任意给定特征集均可以通过马尔科夫毯技术获得最优特征子集。

当数据集维数较高时，计算复杂度明显提升，我们选择近似马尔科夫毯并结合CCC处理冗余问题以获取次优解（王智昊，2013；Messaouda，Dalila，2015；Lastra et al.，2015）。若特征f_i是特征f_j的近似马尔科夫毯，则有$CCC(f_i,Y) \geqslant CCC(f_j,Y)$且$CCC(f_i,f_j) \geqslant CCC(f_j,Y)$，说明$f_i$包含$f_j$中与类别有关的信息且更加丰富，因此删除$f_j$不会影响整体特征子集的类区分能力，从而去除冗余特征f_j以获得最优解。如果f_i的近似马尔科夫毯没有特征，则把f_i删除掉。$CCC(f_j,Y)$表示特征与类别间相关性，DEL算子伪代码如下。

DEL算子伪代码

Procedure ADD $F'(t)$

BEGIN

1. 基于CCC对$F'(t)$中特征降序排列
2. 若$\{f_i\}$与特征子集$F'(t)$有近似马尔科夫毯 // 寻找最差特征
3. $F''(t) \leftarrow F''(t) \cap \{f_i\}$
4. $F'(t) \leftarrow F'(t)-\{f_i\}$
5. Return

END

DEL算子：基于信息相关系数度量对F'中特征降序排列，根据$CCC(f_j,Y)$值降序排列从F'中选择特征，值越高的越可能被选中，删除F'中f_i所有近似马尔科夫毯的特征，如果没有特征可以删除，则删掉f_i自己。

4.2.5　算法过程及伪代码

本章所提出基于文化基因构架的高效代价敏感特征选择算法CFSM流程如图4.4所示。

Step 1：（第1~9行）预处理步骤。计算数据集误分类代价，循环每个特征，构建特征适应度函数作为适应度函数。

Step 2：（第10行）初始化。构建个体初始种群。染色体中特征选择变量是二进制串，每个比特表示一个特征个体，其值为0表示没有被选中，为1则表示被选中。在初始化步骤中，算法产生m个染色体随机分配二进制位。选择的特征子集随后使用适应度评估，这里使用的评估大多以分类错误率或者特征相关性进行度量。

Step 3：（第11~13行）评估种群每个可能解的代价敏感适应度函数。本研究中使用相互独立的三种度量作为适应度函数：基于误分类代价度量、分类精确度和CCC，详细信息可参见4.2.3节。由于提出的方法是一种独立目标的文化基因算法，因此适应度函数中使用的两种度量可在优化过程中进行调优。适应度函数的调用可见第8行。

Step 4：（第14~20行）调用局部搜索。采用遗传算子创建特征集$F(t)$的后代集合$\{f_i\}$，评估属性变量是否为最佳。选择$\{f_i\}$到$P_{local}(t)$进行局部搜索，$P_{local}(t)$每个个体调用适应度函数$J(H,F_c,\alpha,MC)$进行评估，如果$\{f'_i\}$的适应度高于$\{f_i\}$，则替换为$\{f'_i\}$。

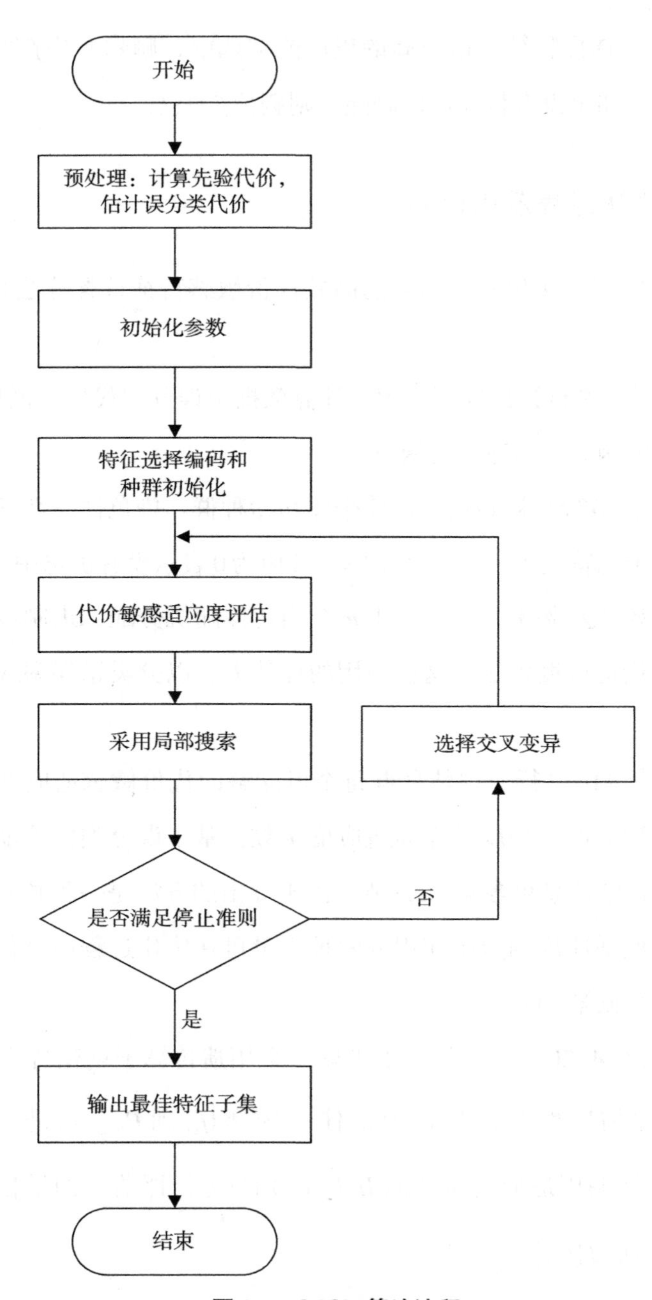

图4.4　CFSM算法流程

Step5：（第21~23行）运行选择、重组和变异构建新种群。运行局部搜索之后，创建后代集合$F'(t)$，使用交叉和变异操作控制选择的特征数量（王智昊，2013；Messaouda, Dalila, 2015）。为平衡遗传搜索与局部搜索，我们设置$F'(t)$为h，$F'(t)$必须经过评估。因此提出的算法在一代要经过2次适应度函数的调用：一次在局部搜索，一次在遗传搜索。然后$F'(t)$加入到$P(t)$，m个适应度值较高的染色体被选择。重复此过程直到均经过调用，标记为v。最后输出经过进化的最佳特征子集。

CFSM伪代码算法步骤描述如下。

CFSM伪代码

Procedure CFSM(v,m,h) //调用代价敏感适应度函数Fitness(c)

BEGIN

输入：

T：训练集空间

MC：误分类代价矩阵

P_Z：种群大小

M_g：最大迭代次数

p_c：交叉概率

p_m：变异概率

输出：

F'：特征子集

1. 构建数据集先验代价　//构建代价敏感适应度函数的$P(t)$

2. 初始化

3. for每个特征

4. 构建

5. for T中每条记录

6. 计算其如何分类

7. 评估记录误分类代价率

8. 构建代价敏感适应度函数的$P(t)$

9. $t \leftarrow 0, J(H, F_c, \alpha, \mathrm{MC}) \leftarrow 0$ //第t次迭代

10. 初始化$P(t)$ //第t次迭代种群$P(t)$

11. While $J(H, F_c, \alpha, \mathrm{MC}) \leqslant$ v do

续表

12.//如果适应度函数$J(H,F_c,\alpha,MC)$小于v
13.基于$J(H,F_c,\alpha,MC)$评估$P(t)$所有特征子集
14.采用局部搜索算子到$P(t)$
15.采用遗传算子创建$\{f_i\}$ //F(t)的后代集合
16. Select $\{f_i\}$ to $P_{local}(t)$进行局部搜索
12. for $P_{local}(t)$中每个个体
17.使用CCC评估将$\{f_i\}$替换为$\{f'_i\}$
18. end for
19.将$F'(t)$加入到$P(t)$
20. $t \leftarrow t+1$
21. Select $P(t)$ from $P(t-1)$
22. Fitness$(c) \leftarrow m+2 \cdot h \cdot t$
23. end While
END

4.3 实验验证

本节通过实验验证文化基因构架下高效代价敏感特征选择算法CFSM在不平衡数据集上的分类效果。同样采用KDD CUP'99实验数据集，设计两阶段实验进行对比。

第一阶段为特征选择阶段，比较本章提出代价敏感特征选择算法CFSM与其他特征选择算法（传统特征选择算法及其他基于遗传算法的代价敏感特征选择算法）运行所需成本及所选特征数目。当前已有多种特征选择方法，由于实验不可能全部列举，因此基于简化原则，使用通用、高效算法进行对比。参照表3.2设置代价估值，对比算法分别使用：基于属性的特征选择算法（Fast Correlation-Based Filter，FCBF）（Yu，Liu，2004）、MBEGA（Zhu et al.，2010）、基于属性的代价敏感选择算法csDTy（Freitas et al.，2007）、GA+META（Yael et al.，2013）、CASH（Yael et al.，2013），对训练集进行特征选择，每次实验重复20次计算得到平均值，实验结果见图4.5和图4.6。

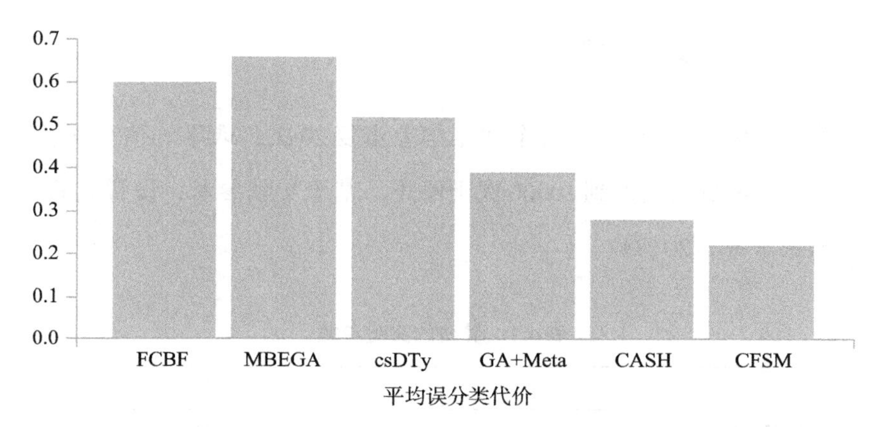

图4.5　使用不同代价敏感特征选择方法与k-NN算法平均误分类代价比例

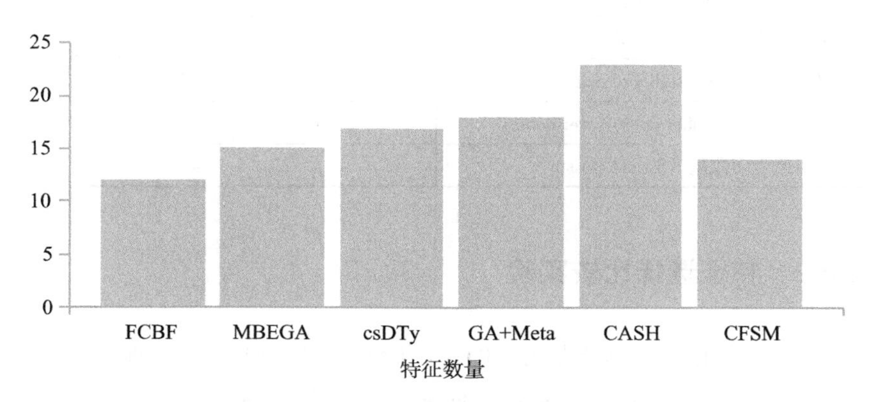

图4.6　使用不同特征选择方法特征数目

第二阶段为分类阶段，使用不同代价敏感特征选择算法及分类方法进行对比。采用通用k近邻分类器k-NN（这里选择$k=5$）比较其各类别分类效果。另外，使用3种常见分类器（k-NN，C4.5，Bayesnet）对比不同代价敏感特征选择算法运行时间（秒），这里运行时间同样为特征选择阶段和分类阶段分类器建模时间总和。使用10折交叉验证，评估方式采用精确度（Precision）、召回率（Recall）、*F*-Measure、ROC面积。

4.3.1 实验参数设置

同样选择Weka平台，在每个数据集上重复20次，取平均值为实验结果。实验中适应度函数调用达到10000次则停止。基于文献参考，设置实验参数见表4.1（Yael et al.，2013）。

表4.1 算法的实验参数

参数	数值
种群大小（Population size）	50
迭代次数（Number of generations）	100
交叉概率（Probability of crossover）	0.6
变异概率（Probability of mutation）	0.05
交叉点个数（Number of crossover points）	4
精英个体数量（Size of elitism）	4

4.3.2 特征选择比较实验

假设在不使用特征选择方法（即使用所有特征）情况下，所消耗代价为单位1，其余方法消耗代价与其相比，称为代价比例。图4.5与图4.6分别为使用不同特征选择方法进行*k*-NN分类的平均误分类代价比例和所选特征数目。

由图4.5及图4.6可以看出，代价敏感特征选择方法所消耗代价较传统特征选择方法均较少，而代价敏感特征选择方法降维效果并不十分明显。这是由于其设计目标之一为总代价最小，并权衡所选特征数目，而非仅要求特征数目最少。特征选择算法可以有效减少特征数目从而节约系统计算开销，节约后续分类算法所需成本代价。代价敏感特征选择则在选择特征的同时更注重总体代价较少。本章提出的基于文化基因构架下的高效代价敏感特征选择算法CFSM虽然不是降维效果最好的方法，但所选特征较少且较之其他特征选择算法平均总误分类代价最小。

4.3.3 分类效果验证性实验

表4.2、表4.3及表4.4分别为不同特征选择方法下使用k-NN算法进行分类的精度值、F-Measure值和ROC面积。第一列为所选的特征选择方法，第二列为正常类别情况，剩余四列为四种主要攻击类别度量情况。

表4.2 不同特征选择方法下使用k-NN算法分类Precision值

特征选择方法	Normal	DoS	Probe	R2L	U2R
—	0.996	0.998	0.990	0.936	0.876
FCBF	0.997	0.998	0.990	0.943	0.889
MBEGA	0.996	0.998	0.992	0.933	0.900
csDTy	0.997	1	0.987	0.945	0.902
GA+Meta	0.998	1	0.900	0.933	0.900
CASH	0.999	0.998	0.990	0.936	0.866
CFSM	0.997	1	0.989	0.955	0.926

由表4.2、表4.3及表4.4可以看出，在不平衡环境下代价敏感特征选择算法普遍性能较高，各项指标大多在0.99以上。传统特征选择方法的分类精度在部分类别上低于不使用特征选择方法进行分类的情况，通常是由于在选择特征时，移除了包含分类信息或者带有部分信息的特征。只有U2R各项指标大多低于0.9，这是由于数据集中U2R实例数量最少，缺乏分类足够信息。本章提出的方法优于其他方法，虽然对提升多数类分类各项指标并不明显，但有助于提升稀

有类分类效果，尤其U2R类别提升效果明显。CFSM不但有助于减少与识别异常数据不相干或冗余的特征，还有助于提高其分类精度，从而提高不平衡网络数据中异常数据识别度。

表4.3　不同特征选择方法下使用*k*–NN算法分类*F*–Measure值

特征选择方法	Normal	DoS	Probe	R2L	U2R
—	0.996	0.998	0.990	0.936	0.876
FCBF	0.997	0.999	0.980	0.938	0.899
MBEGA	0.997	0.998	0.925	0.964	0.906
csDTy	0.999	0.998	0.974	0.933	0.922
GA+Meta	0.998	1	0.963	0.936	0.927
CASH	0.999	0.998	0.990	0.936	0.866
CFSM	0.997	0.997	0.989	0.942	0.936

表4.4　不同特征选择方法下使用*k*–NN算法分类ROC面积

特征选择方法	Normal	DoS	Probe	R2L	U2R
—	0.996	0.998	0.990	0.983	0.899
FCBF	0.999	0.998	0.996	0.967	0.899
MBEGA	0.998	1	0.988	0.929	0.886
csDTy	0.999	1	0.992	0.839	0.866
GA+Meta	0.998	0.999	0.990	0.906	0.902
CASH	0.999	0.998	0.988	0.938	0.899
CFSM	0.998	1	0.993	0.947	0.909

图4.7为使用四种不同的特征选择方法进行三种分类分别运行的时间，单位为秒。由于GA+Meta用时最长且较之其他算法长很多，因此不放入在时间对比图中进行对比。结合之前实验结果很明显可以看到CASH虽然分类精确度较高，

但运行时间也是最长的，而本章提出的CFSM算法则是代价敏感特征选择方法中用时最短的。尤其较之其他代价敏感学习方法，更为快速，属于高效特征选择方法。往往在处理数据量较大的不平衡数据分类问题时，特征选择阶段尤为重要，因此，本章研究能够有效节约分类建模时间从而提高异常数据识别效率。

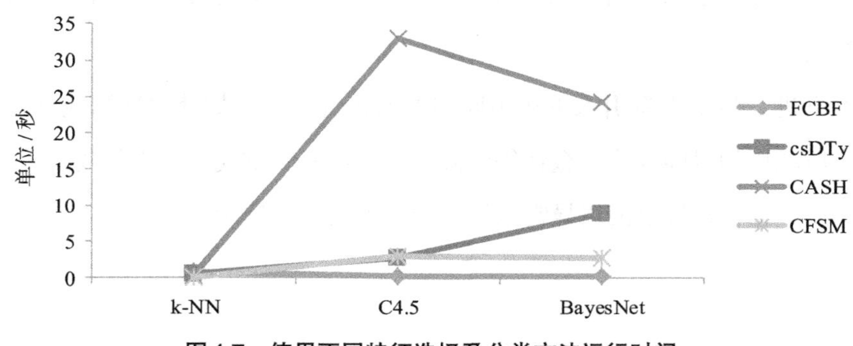

图4.7　使用不同特征选择及分类方法运行时间

综上，在分类前使用特征选择算法，降维的同时往往会由于缺失部分重要信息从而影响随后的分类效果以至于降低分类精度。本章提出的基于文化基因构架的高效代价敏感特征选择算法CFSM虽然减少特征数目有限，但不影响分类效果且较之大多代价敏感特征选择算法，提升效果较为明显且构建模型快速，尤其适用于不平衡数据中稀有类的识别，算法有效。

4.4　本章小结

本书提出一种基于文化基因构架下的高效代价敏感特征选择算法，应用于不平衡网络异常数据分类。它引入贝叶斯决策理论，考虑入侵检测误分类代价因素并构造代价敏感评价函数；基于文化基因构架采用局部启发式搜索模拟大量专业知识支撑的进化过程，并结合基于种群的遗传算法进行全局搜索完成算法优化。

实验结果表明，基于文化基因构架的代价敏感特征选择算法CFSM所选择的特征集合可以减少误分类总代价且提高分类精确度。较之传统基于遗传算法的特征选择算法以及代价敏感特征选择算法，效率更高，更适用于不平衡网络数据分类，该代价敏感特征选择算法可以在选择较少特征数目的同时获得较高分类精度。

本书进一步工作将引入更多不同类型的代价因子（如获取数据或进行分类过程中所耗用的时间代价、金钱等资源代价、额外测试代价、干扰代价等），同时应用研究也将拓展至网络异常数据识别以外的其他领域。

第5章　基于稀有类拓展的双向实例选择分层策略

近年来，不断增长的数据量与大型化问题（scaling up problem）使得类不平衡问题更加严峻，表现为类别越稀有其分类效果越差。针对此类问题，本章设计了一个基于稀有类拓展的双向实例选择分层策略，以改善数据不平衡特性，提高稀有类异常数据的识别度。引入分层概念，构造新的分层模型，在减少多数类实例数目的同时人工合成稀有类实例，有效减少数据量，平衡数据分布。人工合成稀有类实例的方法为基于属性角度改进的稀有类仿制技术SMOTE，称为iSMOTE。另外，此策略可以有效防止过度拟合，同时能独立于后续学习模型使用。

本章组织结构如下：5.1节介绍典型分层实例选择方法；5.2节基于改进人工合成稀有类技术提出了基于稀有类拓展的双向实例选择分层策略；5.3节进行实验验证方法有效性；5.4节对本章工作小节。

5.1　分层实例选择策略

由于内存中只能存有少量实例，实例选择通常被用于处理小样本数据集。然而，近年来网络技术的发展使其数据量日益增多。数据量的不断增加对现有实例选择方法提出严峻挑战，其中包括过度的存储需求，时间复杂度的迅速增长，过度学习等（Lastra et al.，2015；Tsai et al.，2013；Ghazikhani et al.，2013；Yang et al.，2014；Garcia et al.，2009）。分层策略可以有效避免上述问题（Garcia et al.，2009；Cano et al.，2003；García et al.，2008；Cano et al.，2005；Cano et al.，2007；Cano et al.，2008；Cano et al.，2008）。

5.1.1 经典分层实例选择策略

经典分层实例选择方法最初由坎农等（Cano et al.，2003；Cano et al.，2005；Cano et al.，2007；Cano et al.，2008）提出以解决大型化问题，并应用预处理步骤以减少原始数据集数据量。此策略根据原始数据集数据量的多少将其分层，并采用适合的层数，随后通过实例选择以达到减少训练集数目的目的。

在经典分层策略中，将原始数据集S平均分为n个不相交的子集S_i，使得每个数据子集实例数目相同$S_1 = S_2 = \cdots = S_i = \cdots = S_n$，并保持每个数据子集类别分布一致。测试集Te与训练集T互补。

$$\mathrm{Tr} = S_1 \cup S_2 \cup \cdots \cup S_n, I \subset \{1,2,\cdots,n\} \tag{5.1}$$

$$S = \mathrm{Te} \cup T \tag{5.2}$$

最早提出的原始分层使用与初始分布相同的类分布，随后应用实例选择算法到每个子集S_i得到PS_i（见图5.1），由此构成新的分层训练选择子集，称为Stratified Training Subset Selected（STSS）（Cano et al.，2008；Cano et al.，2008）。

$$\mathrm{STSS} = \bigcup_{j \in J} \mathrm{PS}_j, J \subset \{1,2,\cdots,n\} \tag{5.3}$$

由此可知，此分层策略能够在原始数据集足够大的情况下进行分层，并行进行算法学习，且保证产生的每个分层中所有类别实例分布一致。

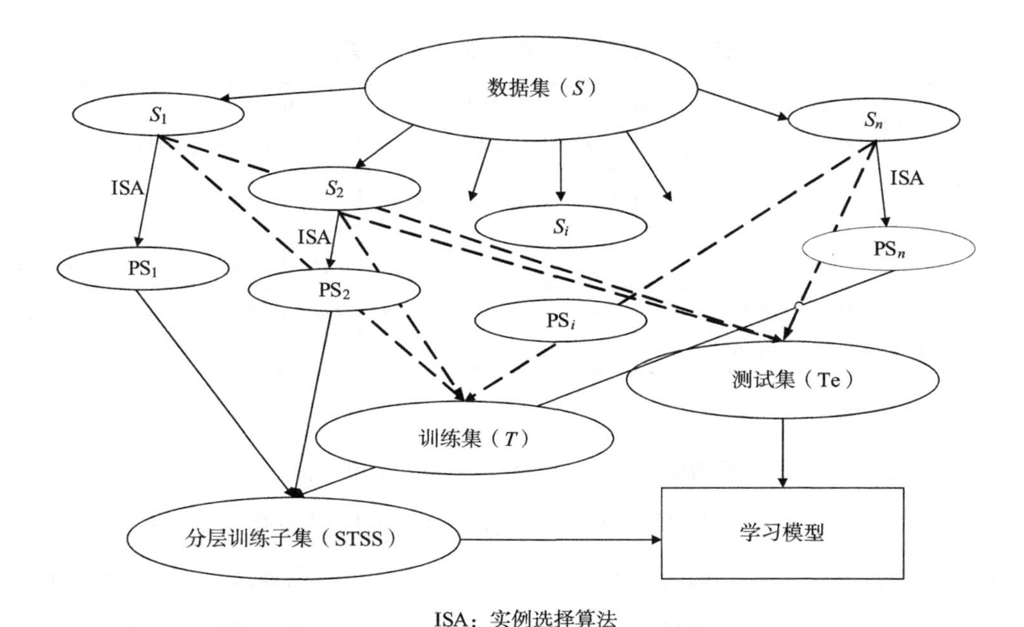

ISA：实例选择算法

图5.1　学习方法之前使用的分层实例选择策略

经典分层策略产生分层时随机形成与原始数据集具有相同类别分布的子数据集。但在当前网络环境中，虽然也时常会出现异常攻击，但相较于数量庞大的正常数据而言，其数目极小，属于稀有类，原始数据集属于高度不平衡数据集。例如经典的KDD CUP'99原始数据集中，异常攻击类别U2R只有52个实例，基本不可能在分层时保持U2R类别的真实比例。如果依旧采用经典分层策略，其稀有类缺失严重，对后续学习行为影响巨大。

5.1.2　针对稀有类的分层实例选择方法

显而易见，在不平衡环境下典型分层模型缺点被放大，数据越不平衡、稀有类数目越少，之后的学习模型受到影响越大。为避免上述问题，坎农等（Cano et al., 2008）引入两种新的分层策略，分层实例选择前子集大小及分布情况见表5.1。

表5.1 分层实例选择前子集大小及其分布

	Normal		U2R		DOS		R2L		PROBE	
	数目	比例/%	数目	比例/%	数目	比例/%	数目	比例/%	数目	比例/%
原始数据集	97 277	19.69	52	0.015	391 458	79.23	1126	0.23	4107	0.83
典型分层	972	19.69	1/0	0	3914	79.26	11	0.23	41	0.83
IS-AC	972	15.92	52	6.4	3914	64.11	1126	18.44	41	0.67
IS-MC	972	19.89	—	—	3914	80.11	—	—	—	—

①在所有类别中实例选择（Instance selection in all classes，IS-AC）。

随机过滤多数类实例产生分层，随后在每个分层将稀有类全部加入进去。使用实例选择过程改善每层子集。例如KDD CUP’99数据集过滤多数类时类似典型分层策略，因此每层具有1%（如果分100层的话）多数类实例。不同在于稀有类实例，使用此策略，每个分层子集都包含所有稀有类实例。最具代表性的实例通过实例选择过程从每个分层子集中的所有类别中选择出来，同时所有类别实例数目均有减少，获得$STSS_i$子集。而$STSS_i$子集中的实例虽然代表所有类别，但个别稀有类可能会因为选择被删掉而表现不足。这也是另一种分层实例选择策略产生的原因，保护所有稀有类别实例，不因为实例选择过程而有所损失。

②在多数类中实例选择（Instance selection in majority classes，IS-MC）。

随机过滤多数类实例产生分层，但不加入稀有类实例，实例选择过程仅应用到多数类中。随后在模型学习之前再重新将稀有类实例加入到$STSS_i$子集。此时，$STSS_i$子集中的实例包括所有的稀有类实例和实例选择最后的具代表性的多数类实例。采用此分层策略，实例选择过程降低了原始数据集中多数类实例数目，之后的学习过程也因为稀有类所占的比例增加而受到很大影响。

实例选择改变了分层数据子集的分布。在IS-MC策略中，由于仅在多数类进行实例选择时，不考虑稀有类，则稀有类在分层中的比例为0。在IS-AC策略中，稀有类没有受到过滤过程的影响，每层子集中均有少量数目。此策略试图减少实例选择对稀有类的影响，保证之后学习模型的学习效果。

5.1.3 Steady-state MAs

坎农等（2008）选择一种基于CHC算法的进化实例选择方法（EIS-CHC）进行对比实验，它只需消耗少量资源就可以达到较高的简化效率。加里卡等（Garcia，2009，2008）对比了42种实例选择算法，发现steady-state memetic algorithm（SSMA）性能最优且能够很好地权衡简化率和精确度。SSMA是一种恒定的文化基因算法，具有以下优点：

①优秀的数据简化能力和较少的计算时间；

②良好的如准确率或kappa等评估性能；

③对大规模数据集的良好适应能力。

SSMA算法伪代码如下。

SSMA算法伪代码

1.初始化种群
2.While(没有达到停止条件) do
3.二者淘汰一者制选择两个父代
4.采用交叉算子创建子代（Off_1, Off_2）
5.变异Off_1, Off_2
6.采用适应度函数$Fitness(S) = \alpha \cdot clas_rat + (1-\alpha) \cdot perc_red$评估$Off_1$和$Off_2$
7. For每个Off_1
8.为Off_1调用获得P_{LS}机制获得P_{LS_i}
9. If $u(0,1) < P_{LSi}$then
10.运行meme优化Off_1

11. End if
12. End for
13. 采用标准替换 Off_1 和 Off_2
14. End while
15. 返回最佳染色体

5.2 基于稀有类拓展的双向实例选择分层策略

本节围绕预处理模块，构造了一种新的基于稀有类拓展的双向分层实例选择策略。针对不平衡数据的分层预处理方法，该方法根据实例类别分为三个模块：数据分层模块、多数类实例选择模块和稀有类实例合成模块。

数据分层模块：首先进行数据过滤即初步预处理，随后改进IS-MC采用双向分层机制。接着同时进行多数类实例选择并人工合成稀有类。

多数类实例选择模块：采用SSMA实例选择算法减少多数类样本。

稀有类合成模块：提出一种新的稀有类拓展算法（iSMOTE）用于增加稀有类样本。

5.2.1 双向分层策略

假设原始数据集足够大，则分层策略应该保证代表所有类别的实例特性。当遭遇数据量大且不平衡的数据时，如果遗漏稀有类则可能会对其造成一定的损失。而当这些损失的实例恰恰比较重要的时候，将会违背分层策略的初衷（Cano et al.，2008）。由于稀有类实例数目的稀少，使得其比较难以被选择，这不仅是典型分层策略也是IS-AC分层策略的缺点。因此，我们在IS-MC分层策略的基础上，提出一种新的双向实例选择分层策略（Double-direction Stratified Instance Selection，DSIS）。该方法在实例选择多数类的同时，采用改进过采样人工合成稀有类技术（improved version of the synthetic minority oversampling technique，iSMOTE）人工合成稀有类以提高稀有类实例数目。从两个方向分层改善样本数据集不平衡状态（图5.2）。

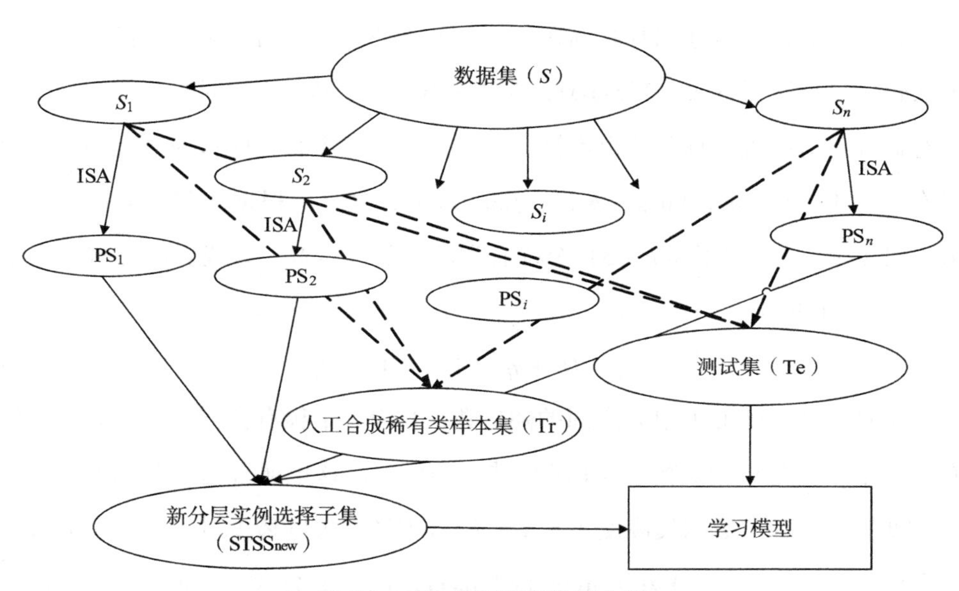

图5.2　双向分层实例选择方法

类似IS-MC分层策略，我们的双向分层策略把稀有类实例分离出去，单独对多数类进行实例选择，在S_j使用实例选择得到PS_j子集。由于分为n层，复杂度是原始数据状态的$1/n$。不同于IS-MC分层策略只简单地再将分离出的稀有类实例并入实例选择后的数据集，双向分层策略采用稀有类实例拓展方法人工合成稀有类样本Tr，随后再将PS_j并入。形成新的分层实例选择子集（$STSS_{new}$）：

$$STSS_{new} = PS_j \bigcup_{j \in J} Tr,\ \ J \subset \{1, 2, \cdots, n\} \tag{5.4}$$

下面将详细描述稀有类实例合成方法。

5.2.2 改进稀有类仿制技术

布拉古斯和卢萨卡（Blagus，Lusa，2013）完整研究了稀有类仿制技术（Synthetic minority over-sampling，SMOTE），重点研究了SMOTE算法在多维不平衡数据集的性质。他们观察到在大多不平衡环境下，属于实例选择的欠采样方法较之过采样更有效。当SMOTE被单独用于不平衡数据集时，不仅对分类效果有提升且对高维数据环境也不排斥。该方法假定稀有类样本的最近邻仍然为稀有类样本（Blagus，Lusa，2013；Jiang et al.，2016。根据此假设通过线性插值随机生成k（这里通常$k \leqslant 5$）个稀有类的近邻样本M_j，合成新的稀有类样本D_{new}，定义如下：

$$D_{new} = D_i + \eta(0,1) \times (M_j - D_i) \tag{5.5}$$

此时η为区间在（0,1）之间的随机数，D_i为一个稀有类样本，M_j为从与稀有类样本距离最小的k个样本中随机选择的样本。这里通常选择欧几里得距离作为度量。但如果数据集高度不平衡，稀有类样本极度稀少时，往往会造成过拟合现象（Moscato，1989；Garcia-Pedrajas et al.，2014；Wang et al.，2010）。

加西亚等（Garcia et al.，2012）发现实例选择与其属性非常相关，他们称实例子集可能因相关属性改变而改变。因此我们基于属性角度改进SMOTE提出新的稀有类仿制技术（iSMOTE）以拓展稀有类数目。基本思想为：除了稀有类以外，假设多数类样本接近稀有类的样本区域的样本也不能被忽略。通过使用所有稀有类样本和分布在边界处的多数类样本，人工合成更多有效稀有类样本，以改善选择策略的边界（Blagus，Lusa，2013；Wang et al.，2010）。此方法不仅从数据空间，更从属性空间的角度从稀有类及边界正常实例合成新实例，改善近邻选择的盲目性，防止过度拟合的同时避免信息扰动。

一般情况下，小概率事件的产生需要依靠对均匀随机数位宽的适当配置来实现，而目前大多数随机数产生方法中更多侧重“转换”的思想，很少将均匀分布随机数生成器作为已知的前提。因此本书对原算法进行改进，放弃使用最简单分布随机数η，即$[0,1]$区间上均匀分布的随机变量序列，转而假设先验分布成立，将均匀分布随机点定理应用到随机数生成算法（Combined Tausworthe）中，依据数据空间的稀疏度，构造随机数表达式（李旭东，赵雪娇，2012）：

$$\eta_n = \sum_{i=1}^{L}(x_{1,ns_1+i-1} \times x_{2,ns_2+i-1} \times \cdots \times x_{J,ns_J+i-1}) \times 2^{-i} \tag{5.6}$$

为第j个Tausworthe随机生成器输出。

为简化计算，假设稀有类分布近似为正态分布。令N_q为数据集中稀有类样本数目，d_i为第i条记录，$d_i[j]$为其第j个属性值。属性个数为D，根据数组分散度定义属性列均值$\mathrm{mv}[j]$，标准差表示$\mathrm{sd}[j]$，计算公式如下：

$$\mathrm{mv}_i[j] = \sum_{i=1}^{N} d_i[j]/N \tag{5.7}$$

$$\mathrm{sd}_i[j] = \sqrt{(\sum_{i=1}^{N} d_i[j] - \mathrm{mv}_i[j]/(N_q - 1))^2} \tag{5.8}$$

其中：$i = 1,2,\cdots,N$；$j = 1,2,\cdots,D$。

变异系数（Coefficient of Variation degree，CV）即标准差与均值的比。使用CV表示单位均值的离散程度，第i条记录的第j个属性值的CV表示如下：

$$\mathrm{CV}d(d_i[j], sd_i[j]) = \frac{\mathrm{CV}_m}{\sum_{m=1}^{n} \mathrm{CV}_m} \left| d_i[j] - sd_i[j] \right|^2 \tag{5.9}$$

令$\mathrm{differd}_i[j]$表示$d_i[j]$与第i条记录全部属性的差值：

$$\mathrm{differd}_i[j] = d_i[j] - \frac{1}{m}\sum_{j=1}^{m} d_i[j] \tag{5.10}$$

为避免生成合成样本效果不理想，使用分布函数拟合优度检验，根据属性相异性及属性类型重新计算属性值$d_i[j]$，若为离散型，则

$$d_i(j)=\begin{cases} d_i[i]\ ,0\leqslant \text{differ}d_i[j]\leqslant \dfrac{1}{m}\sum_{j=1}^{m}\text{CV}d(d_i[j],sd_i[j]) \\ d_i[j]\ ,\text{differ}d_i[j]>\dfrac{1}{m}\sum_{j=1}^{m}\text{CV}d(d_i[j],sd_i[j]) \end{cases} \tag{5.11}$$

若为连续型，则重新计算$d_i[j]$:

$$d_i(j)=\begin{cases} d_i[i]\ +\eta(0,1)\,\text{differ}d_i[j],0\leqslant \text{differ}d_i[j]\leqslant \dfrac{1}{m}\sum_{j=1}^{m}\text{CV}d(d_i[j],sd_i[j]) \\ d_i[j]\ +\eta(0,1)\,\text{differ}d_i[j],\text{differ}d_i[j]>\dfrac{1}{m}\sum_{j=1}^{m}\text{CV}d(d_i[j],sd_i[j]) \end{cases} \tag{5.12}$$

循环执行直至遍历所有稀有类样本且生成稀有类样本数达到规定比例。

5.2.3 DSIS双向分层策略描述

DSIS策略流程图如图5.3所示，分为四个步骤。

Step 1：根据数据类别对数据分层。将数据集S分为t层，使每层数据类别分布相同。

Step 2：调用iSMOTE(N,i,g)针对稀有类，人工合成稀有类数据。针对S_i，选取其中稀有类样本d_i，即异常数据。除原始SMOTE方法拓展外，随机抽取样本d_i的k个多数类最近邻点中一个多数类样本g_i，标准化属性差值后计算两者全部属性差值，生成稀有类的合成样本。重复直至产生足够稀有类样本。

Step 3：调用SSMA算法对多数类实例选择。针对S_i，选取其中多数类样本并调用SSMA算法进行实例选择。

Step 4：合并多数类与稀有类形成新的分层实例子集STSS_{new}。循环处理其余子层，直至所有子层处理完毕，合并形成新的分层实例子集。

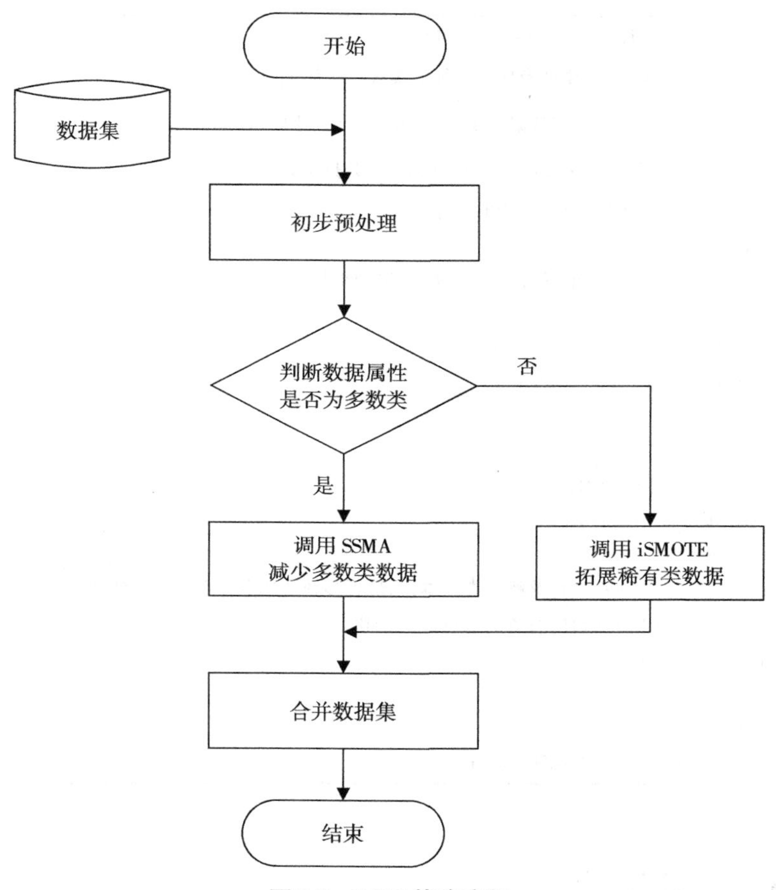

图5.3　DSIS策略流程

DSIS伪代码如下所示。

DSIS伪代码

输入：

原始训练集S

层数t

稀有类合成比例$N\%$

近邻个数k

输出：最终的人工合成稀有类异常数据集S'

初始化：

---

1. 令 S_i 为第 i 个子训练数据集 $(i=1,2,\cdots,t)$，且 $S_1=S_2=\cdots=S_i=\cdots=S_t$
2. $F=\{f_1,f_2,\cdots,f_D\}$，是数据集 S 中所有属性特征的集合，D 为特征维数
3. $\mathrm{Tr}_i=\{d_1,d_2,\cdots,d_u\}$，$\mathrm{Tr}_i$ 为稀有类数据子集，u 为异常数据个数
4. $\mathrm{PS}_i=\{g_1,g_2,\cdots,g_v\}$，$\mathrm{PS}_i$ 为多数类数据子集，v 为正常数据个数
5. 循环：for $i=1$ to t，// 以下为子层 S_i 内的操作
6. $u=(N/100)\times u$
7. $N=(\mathrm{int})(N/100)$ //假设合成的稀有类样本数为100的整数倍
8. for $i=1$ to u
9. 计算 i 的最近邻 k，保存到 g
10. iSMOTE(N,i,g)
11. end for
12. end for
13. iSMOTE(N,i,g) //调用iSMOTE
14. while N !=0 do
15. for attr =1 to n
16. 计算：$\mathrm{dif}=g_j[f]-d_i[f]$ //计算稀有类样本 i 与最近多数类邻点样本 j 的全部属性差值
17. $\mathrm{dif}_i'=(\mathrm{dif}_i[j]-avg[j])/\mathrm{std}[j]$；// 将属性差标准化
18. 根据属性类别替换属性
19. end for
20. 调用SSMA生成集合 PS_i
21. 合并 PS_i 和 Tr_i 生成新的分层实例子集 STSS_{new}

5.3 实验验证

本章实验分为两部分，分别验证改进的稀有类仿制技术iSMOTE及双向实例选择分层策略的有效性。改进稀有类仿制技术iSMOTE有效性实验，分别在分层策略中调用原始SMOTE与iSMOTE分类对比以证明拓展稀有类使用iSMOTE算法有效。

双向实例选择分层策略有效性实验同样分为两部分：分层策略简化效果实验和分层策略分类效果实验。在分层策略简化效果实验中，减少多数类时选择使用两种不同实例选择方法（EIS-CHC，SSMA）；而拓展稀有类则对比是否使

用iSMOTE算法，四种组合进行对比以证明提出的分层策略DSIS改善数据集分布能力最为有效。在分层策略分类效果实验中，选择仅使用SSMA、仅使用iSMOTE与联合使用SSMA与iSMOTE（SSMA+iSMOTE）三种方式进行分类，并对比分类结果，以证明DSIS策略中稀有类拓展和多数类实例选择双向策略最有利于改善稀有类分类精度。

分类算法分别选择*k*-NN、C4.5分类器以验证DSIS策略独立于后续分类过程，具有通用性。同样，在每个数据集上重复实验20次，取平均值作为实验结果。

5.3.1　数据集及参数设置

实验数据集同样选择经典KDD CUP'99数据集，随机选择样本并构造两个实验集（见表5.2），将异常类别视为稀有类，为方便实验对比，要求实验数据集中异常类别均为稀有类（所占比例小于20%）。

表5.2　原始及实验数据集类分布情况

数据集	类型	Normal	DoS	U2R	R2L	Probe
原始数据集	数目	97 278	391 458	52	1 126	4 107
	占比/%	19.69	79.23	0.01	0.23	0.83
实验数据集1	数目	37 667	7 585	5	58	802
	占比/%	81.68	16.45	0.01	0.13	1.74
实验数据集2	数目	46 891	9 233	12	220	2 034
	占比/%	80.31	15.81	0.02	0.38	3.48

实验环境采用Weka平台。在每个数据集上重复实验20次，取平均值为实验结果。基于多个相关文献参考，设置实验参数见表5.3（Cano et al.，2005；Cano et al.，2007；Cano et al.，2008；Cano et al.，2008；Blagus，Lusa，2013；Jiang et al.，2016；Moscato，1989；Dietterich，2000）：

表5.3　参数设置

参数	数值
种群大小（Population size）	30
迭代次数（Number of generations）	100
交叉概率（Probability of crossover）	1
变异概率（Probability of mutation）	0.001
α	0.5
评价值（evaluation）	10000

5.3.2　改进稀有类仿制技术有效性实验

对实验数据集1和2分别使用稀有类仿制技术SMOTE与iSMOTE算法，采用三种稀有类合成比例：N=10，N=25和N=50，使用C4.5算法进行分类的平均精度和平均F-measure值作为度量，实验结果如图5.4及图5.5所示。

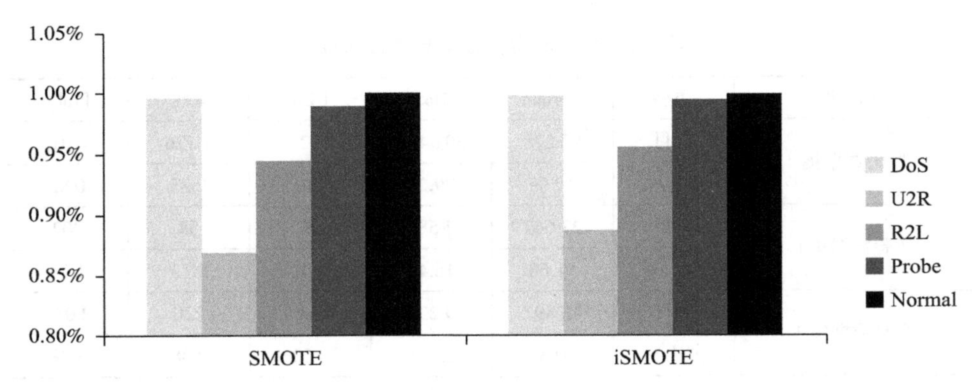

图5.4　C4.5算法各类别的精度平均值比较

由图5.4及图5.5可以看出，不论使用哪种稀有类仿制技术，Normal及Dos类别的分类效果均非常好，超过95%。这是由于Normal属于多数类，实例数足够，训练集中包含分类信息充分，分类器偏向多数类，使得分类效果较好。同时，Dos虽然在实验数据集中占比少于20%，但仍属于实例数占比较多的攻击类别，分类效果也较好。而占比较少的其他三个类别的分类效果则与其实例数基本成正比，实例数目最少的U2R分类效果也最差。

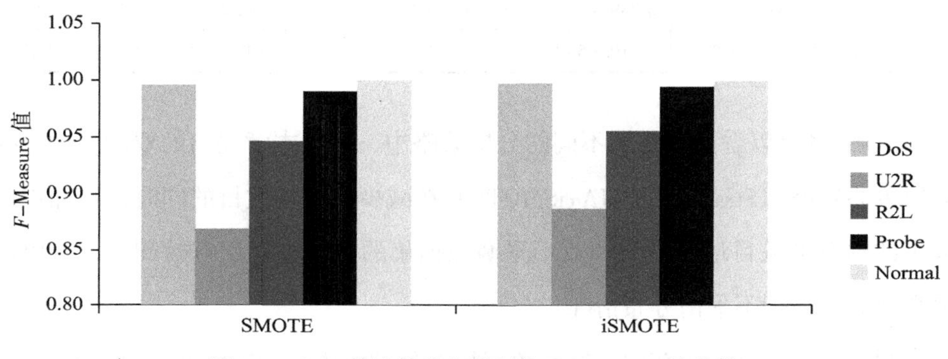

图5.5　C4.5算法算法各类别的F-Measure值比较

另外，通过对比两种稀有类仿制技术分类精度和F-Measure值可以看出，虽然多数类别分类效果提升不明显，但显然使用iSMOTE算法的数据集各类别分类效果普遍优于使用SMOTE算法数据集。这是由于使用本章提出的改进稀有类仿制技术人工合成稀有类数据可以减弱数据集不平衡度，从而提升稀有类类别分类精度，算法有效。

5.3.3　双向实例选择分层策略有效性实验

在分层策略简化效果实验中，在两个实验数据集上分别使用不同实例选择分层策略，对比数据集分布情况，多数类实例选择方法分别选择EIS-CHC和SSMA，单独使用或结合iSMOTE拓展稀有类使用。表5.4第一列表示分层策略四种算法，第二列表示使用分层策略后实例数目，其余各列表示使用不同策略后各类别实例数目。

表5.4　不同实例选择策略下子集实例数目及对应类别分布（实验数据集1/2）

算法	实例数目	Normal	DoS	Probe	U2R	R2L
Stratified EIS-CHC	3 528/5 038	2 685/3 673	758/923	80/204	5/12	58/220
Stratified EIS-CHC+iSMOTE	3 897/6 009	2 685/3 673	1 008/1 236	192/492	12/36	139/572
Stratified SSMA	3 239/4 573	2 398/3 214	756/923	80/204	5/12	58/220
Stratified SSMA+iSMOTE	3 610/5 550	2 398/3 214	1 008/1 236	192/492	12/36	139/572

由表5.4可以看到在四种不同的分层策略中，使用本章提出的双向实例选择分层策略DSIS（Stratified SSMA+iSMOTE）在减少多数类数目的同时，增加占比较少的稀有类数目最多，说明对不平衡数据集的分布进行了有效调节，可以改善数据集各类别不平衡分布情况。

图5.6及图5.7表示在两个实验数据集上分别使用三种实例选择分层策略后，使用k-NN和C4.5算法进行分类的平均精度值。

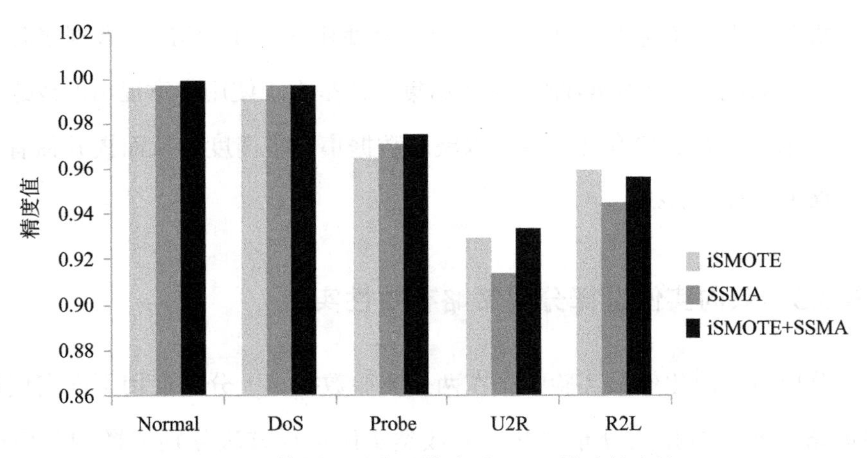

图5.6　使用不同分层策略后k-NN算法精度值

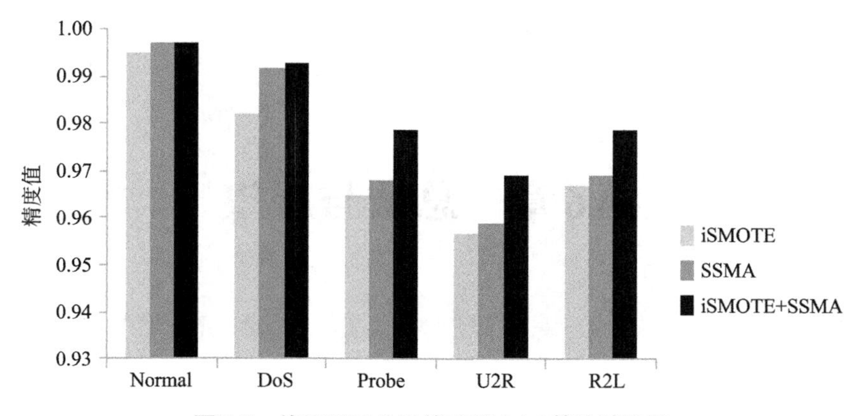

图5.7 使用不同分层策略后C4.5算法精度值

可以看到，本章提出的双向实例选择分层策略中各类别分类精度值较高，且对稀有类别中数量较少的类别分类精度提升更为明显。在两种不同的分类器上进行分类实验，稀有类别分类精度均有所提升，说明本章提出分层策略独立于分类器且更有利于稀有类分类。

5.4 本章小结

本章提出了一种新的基于稀有类拓展的双向分层实例选择策略应用于不平衡网络数据集分类问题，以改善作为稀有类的异常数据识别效果。此策略基于经典分层实例选择理论并改进坎农提出的针对稀有类的实例选择方法，采用双向实例选择机制。SSMA实例选择多数类减少其数目的同时，使用改进稀有类仿制技术iSMOTE人工合成稀有类实例增加其数目。实验结果证明，本章提出的双向分层实例选择策略DSIS优于其他实例选择策略。DSIS有效进行数据简化后能改善数据不平衡状态并提高稀有类分类效果。稀有类数目较少时，其分类效果提升更加明显。

第6章　总结与展望

6.1　总结

为了应对网络数据的不平衡、大型化、异常数据稀有化问题，本书从特征及实例角度入手，围绕数据预处理简化模块，对特征选择及实例选择进行深入讨论，研究成果如下。

①针对网络异常数据稀有问题，从特征角度提出一种基于混沌遗传搜索策略的代价敏感特征选择方法。通过引入代价敏感学习到特征选择，同时考虑了网络异常攻击领域误分类代价及测试代价。实验结果表明，此方法在有效降低特征选择阶段算法复杂度的同时，能够有效减少总代价，提高网络异常数据识别度。

②针对受限环境下对成本代价要求高，迫切需要提升算法效率的实际情况，提出一种基于文化基因构架的高效代价敏感特征选择算法。通过贝叶斯决策理论构建基于误分类代价的代价敏感适应度函数，综合遗传算法与近似马尔科夫毯实现全局与局部搜索相结合的文化基因架构。实验结果表明，此算法能够以较低的误分类代价获得较高的分类精确度，较之传统基于遗传算法的其他方法，更适用于类不平衡环境下对网络异常数据的高效识别。

（3）针对不平衡网络数据的大型化问题，围绕预处理模块，采用基于稀有类拓展的双向实例选择分层策略，增加稀有类数据所占比例，减少多数类。通过有效降低大型化对分类模型的影响，改善数据集不平衡状态，尽可能多地减小对后续分类的影响。实验表明，此策略能够拓展出更多有效的稀有类实例，改善数据不平衡度，对数据量较大的不平衡数据集分类精度的提高起到良好效果。

6.2　展望

在本书研究过程中，发现以下问题有待进一步探索。

①针对现有的移动通信终端资源受限（如CPU处理能力及电池电量）问题，考虑主要部署基于主机的入侵检测系统（host-based intrusion detection systems，HIDS），可以尝试通过结合新的代价敏感特征选择算法构造一个更合适的安全解决方案。新方法能够帮助代理服务器决定从移动设备收集哪些与其资源联系更紧密的特征，从而节省资源消耗。

②针对特征选择中涉及的代价种类及代价估值，随着应用环境的变化可以尝试加入其他类型代价，如拒识代价、计算代价、获取样本代价、人机交互代价等。由于代价的领域特性使得代价获取具有一定的主观性，从而影响其向其他领域扩展，泛化能力较弱。可以对不同领域代价情况做深入研究，应用于其他网络异常攻击识别、涉密信息检索、个人隐私保护甚至医学信息等领域。

③深入研究进化算法机理，进一步优化算法，对多种进化算法进行深入研究对比，提高算法效率。由于现有各种进化算法各有优缺点，且适用领域不同，可以尝试对算法进行持续个性化改进。

另外，由于通信及网络技术的发展，大数据相关研究变得更加紧迫。大数据环境下的数据特征选择与实例选择相对于较小规模下显得更为重要，大数据环境下的数据预处理算法也成为未来该研究领域的热点及趋势。

参考文献

ABDI L, HASHEMI S, 2016. To Combat Multi-Class Imbalanced Problems by Means of Over-Sampling Techniques [J]. IEEE Transtraction on Knowledge and Data Engineering, 28 (1): 238-251.

ADAM C P, 2012. Feature Selection Via Joint Likelihood [D]. Manchester: The University of Manchester.

AHMADZADEH A, 2022. Ameasuring class-imbalance sensitivity of deterministic performance evaluation metrics[C]//IEEE International Conference on Image Processing (ICIP), IEEE International conference on image processing, ICIP: 51-55.

AHMED M, NASER A, HU J, et al., 2016. A survey of network anomaly detection techniques[J]. Journal of Network and Computer Applications, (60): 19-31.

ALDWEESH A, DERHAB A, EMAM A Z, 2020. Deep learning approaches for anomaly-based intrusion detection systems: A survey, taxonomy, and open issues [J]. Knowledge-Based Systems, (189): 1-19.

ALDWEESH A, GOKSEL M, ZHONG F, 2020. Deep learning approaches for anomaly-based intrusion detection systems: A survey, taxonomy, and open issues[J]. Knowledge-Based Systems, (189): 105-124.

ALDWEESH A, DERHAB A, EMAM A Z, 2020. Deep learning approaches for anomaly-based intrusion detection systems: A survey, taxonomy, and open issues[J]. Knowledge-Based Systems, (189): 105-124.

ALTMAN N S, 1992. An Introduction to Kernel and Nearest-Neighbor Nonparametric Regression[J]. The American Statistician, (46): 175-185.

ANDE R, ADEBISI B, HAMMOUDEH M, et al., 2020. Internet of Things: Evolution and technologies from a security perspective. Sustain[M]. Elsevier, DOI: 10.1016/j.scs.2019.101728.

BLAGUS R, LUSA L, 2013. SMOTE for high-dimensional class-imbalanced data[J]. BMC Bioinformatics, (14).

BOLÓN-CANEDO V, PORTO-DÍAZ I, SÁNCHEZ-MAROÑO N, et al., 2014. A framework for cost-based feature selection [J]. Pattern Recognition, (47): 2481-2489.

BOLÓN-CANEDO V, SÁNCHEZ-MARO N, ALONSO-BETANZOS A, et al., 2014. A review of microarray datasets and applied feature selection [J]. Information Sciences, (282): 111-135.

BREUNIG M M, KRIEGEL H P, NG R T, et al., 2000. LOF: Identifying Density-Based Local Outliers [C]//ACM Sigmod International Conference on Management of Data; Association for Computing Machinery. New York, NY, USA, 93-104.

BROADHURST R, GRABOSKY P, ALAZAB M, et al., 2014. An analysis of the nature of groups engaged in cyber crime[J]. International Journal of Cyber Criminology, 8(1).

CANO J R, GARCÍA S, HERRERA F, 2008. Subgroup discover in large size data sets preprocessed using stratified instance selection for increasing the presence of minority classes [J]. Pattern Recognition Letters, 29(16): 2156-2164.

CANO J R, HERRERA F, LOZANO M, et al., 2008. Making CN2-SD subgroup discovery algorithm scalable to large size data sets using instance selection[J]. Expert Systems with Applications, 35(4): 1949-1965.

CANO J R, HERRERA F, LOZANO M, 2003. Using Evolutionary Algorithms as Instance Selection for Data Reduction in KDD: An Experimental Study[J]. IEEE Transactions on evolutionary computation, 7(6): 561-575.

CANO J R, HERRERA F, LOZANO M, 2005. Stratification for scaling up evolutionary prototype selection [J]. Pattern Recognition Letters, 26(7): 953-963.

CANO J R, HERRERA F, LOZANO M, 2007. Evolutionary stratified training set selection for extracting classification rules with trade-off precision-interpretability [J]. Data and Knowledge Engineering, 60(1): 90-100.

CHANDOLA V, BANERJEE A, KUMAR V, 2009. Anomaly Detection: A Survey[J]. ACM Computing

Surveys, (41).

CHAWLA N V, et al., 2003. SMOTEBoost: Improving prediction of the minority class in boosting [C]// European Conference on Principles and Practice of Knowledge Discovery, Berlin, Heidelberg, Springer: 107–119.

CHAWLA N V, JAPKOWICZ N, KOLCZ A, et al., 2004. Editorial: Special Issue on Learning from Imbalanced Data Sets [J]. ACM SIGKDD Explorations Newsletter, 6(1): 1–6.

CHAWLA N, Bowyer K, Hall L, et al., 2002. Smote: synthetic minority over–sampling technique [J]. Journal of Artificial Intelligence Research, (16): 321–357.

CIESLAK D, HOENS T, CHAWLA N, et al., 2011. Hellinger distance decision trees are robust and skew–insensitive [J]. Data Mining and Knowledge Discovery: 1–23.

CISCO, 2019. Cisco visual networking index: global mobile data traffifffiffic forecast update, 2017—2022 White Paper[J]. Online: accessed 18 February.

COOK A A, MSRL G, FAN Z, 2020. Anomaly Detection for IoT Time–Series Data: A Survey[J]. IEEE Internet of Things Journal, 7(7): 6481–6494.

DAVANZO G, MEDVET E, BARTOLI A, 2011. Anomaly detection techniques for a web defacement monitoring service[J]. Expert Systems, (38): 12521–12530.

DELAPORTE J, HERBST B M, HEREMAN W, et al., 2008. An introduction to diffusion maps[C]// Proceedings of the 19th Symposium of the Pattern Recognition Association of South Africa (PRASA 2008). Cape Town, South Africa, November 27–28.

DEMPSTER A P, LAIRD N M, RUBIN D B, 1977. Maximum Likelihood from Incomplete Data via the EM Algorithm[J]. Journal of the Royal Statistical Society, Series B (Statistical Methodology), (39): 1–38.

DIETTERICH T G, 2000. Ensemble methods in machine learning [J]. Multiple Classifier Systems, (1857): 1–15.

DIEZ–PASTOR J F, RODRIGUEZ J J, GARCIA–OSORIO C I, et al., 2015. Diversity techniques improve the performance of the best imbalance learning ensembles [J]. Information Sciences, (325): 98–117.

DOMINGOS P, 1999. Metacost: a general method for making classifiers cost–sensitive [J]. Knowledge

Discovery and Data Mining: 155–164.

ESTER M, KRIEGEL H P, SANDER J, et al., 1996. A Density–Based Algorithm for Discovering Clusters a Density–Based Algorithm for Discovering Clusters in Large Spatial Databases with Noise [J]. AAAI Press: 226–231.

AFERNANDES G, RODRIGUES J J P C, CARVALHO L F, et al., 2019. A comprehensive survey on network anomaly detection[J]. Telecommunication Systems, (70): 447–489.

FREITAS A DA, COSTA–PEREIA P, 2007. Cost–sensitive decision trees applied to medical data [J]. Lecture Notes in Computer Science: 303–312.

FREITAS, A. COSTA–PEREIA DA, BRAZDIL P, 2007. Cost–sensitive decision trees applied to medical data [J]. Lecture Notes in Computer Science: 303–312.

FREY B J, DUECK D, 2007. Clustering by Passing Messages Between Data Points[J]. Science, (315): 972–976.

GARCÍA S, CANO J R, HERRERA F, 2008. A Memetic Algorithm for Evolutionary Prototype Selection: A Scaling Up Approach [J]. Pattern Recognition, 41(8): 2693–2709.

GARCIA S, CANO J R, BERNADO–MANSILLA E, et al., 2009. Diagnose Effective Evolutonary Prototype Selection Using an Overlapping Measure [J]. International Journal of Pattern Recognition and Artificial Intelligence, (23): 1527–1548.

GHAZIKHANI A, MONSEFI R, YAZDI H S, 2013. Ensemble of online neural networks for non–stationary and imbalanced data streams [J]. Neurocomputing, (122): 535–544.

Guo H, Viktor H L, 2004. Learning from imbalanced data sets with boosting and data generation: The databoost–IM approach [J]. ACM SIGKDD Explorations Newsletter–Special issue on learning from imblanced datasets, 6(1): 30–39.

GUPTA M R, CHEN Y, 2011. Theory and Use of the EM Algorithm [J]. Found. Trends Signal Process, (4): 223–296.

GURJWAR R K, SAHU D R, TOMAR D S, 2013. An approach to reveal website defacement [J]. International Journal of Computer Science and Information Security, (11): 73.

HABIBZADEH H, NUSSBAUM B H, ANJOMSHOA F, et al., 2019. A survey on cybersecurity, data privacy, and policy issues in cyber–physical system deployments in smart cities [J]. Sustainable Cities and Society, (50): 101–660.

HADIANTO R, PURBOYO T W, 2018. A Survey Paper on Botnet Attacks and Defenses in Software Defifined Networking [J]. International Journal of Applied Engineering Research, (13): 483–489.

HALL M A, 1999. Correlation–based feature selection for machine learning [D]. Hamilton, NewZealand: The University of Waikato.

HAND D, TILL R, 2001. A simple generalisation of the area under the roc curve for multiple class classification problems [J]. Machine Learning, 45(2): 171–186.

HANSEN L K, SALAMON P, 1990. Neural network ensembles [J]. Pattern Analysis and Machine Intelligence, 12(10): 993–1001.

HODGE V J, AUSTIN J, 2004. A Survey of Outlier Detection Methodologies [J]. Artificial Intelligence Review, (22): 85–126.

HOPFIFIELD J J, 1982. Neural networks and physical systems with emergent collective computational abilities [J]. Proceedings of the National Academy of Sciences. USA, (79): 2554–2558.

HU H, ZAHORIAN S A, 2010. Dimensionality reduction methods for HMM phonetic recognition[C]// IEEE International Conference on Acoustics, Speech and Signal Processing, Dallas. TX, USA, March 14–19: 4854–4857.

HU R, HU H, XU H, 2016. Abnormal access detection through big data analytics in health neural network [J]. Basic & Clinical Pharmacology & Toxicology, 118(1): 73–78.

IERACITANO C, ADEEL A, GOGATE M, et al., 2018. Statistical Analysis Driven Optimized Deep Learning System for Intrusion Detection BT [J]. Advances in Brain Inspired Cognitive Systems. Springer International Publishing: Cham, Switzerland: 759–769.

IERACITANO C, ADEEL A, MORABITO F C, et al., 2020. A novel statistical analysis and autoencoder driven intelligent intrusion detection approach [J]. Neurocomputing, (387): 51–62.

ISWANDY K, KOENIG A, 2006. Feature selection with acquisition cost for optimizing sensor system design [J]. Advances in Radio Science, (4): 135–141.

JIANG K, LU J, XIA K, 2016. A Novel Algorithm for Imbalance Data Classification Based on Genetic Algorithm Improved SMOTE [J]. Arabian Journal for Science and Engineering, 41(8): 3255–3266.

JOLLIFFE I T, 2002. Principal Component Analysis; Springer Series in Statistics [J]. New York, USA:

Springer.

KANNAN SS, RAMARAJ N, 2010. A novel hybrid feature selection via Symmetrical Uncertainty ranking based local Memetic search algorithm [J]. Knowledge-Based Systems, (23): 580-585.

KANSRA N , CHADHA N D, 2016. Cluster Based detection of Attack: IDS using Data Mining [J]. International Journal of Engineering Development and Research, (2): 1082-1088.

KHRAISAT A, GONDAL I, VAMPLEW P, et al., 2019. Survey of intrusion detection systems: Techniques, datasets and challenges [J]. Cybersecurity, 2, (20): 1629-1635.

KOTU V, DESHPANDE B, 2019. Chapter 13-Anomaly Detection [M]// Data Science. 2nd ed. Morgan Kaufmann, Burlington: MA, USA: 47-465.

KOZIK R, CHORAS M, HOŁUBOWICZ W, 2016. Evolutionary-based packets classifiification for anomaly detection in web layer[J]. Security and Communication Networks, 9(15): 2901-2910.

KRIMMLING J, PETER S, 2014. Integration and Evaluation of Intrusion Detection for CoAP in smart city applications[C]// IEEE Conference on Communications and Network Security. San Francisco, CA, USA: 73-78.

KRUEGEL C, VIGNA G, ROBERTSON W, 2005. A multi-model approach to the detection of web-based attacks[J]. Comput. Netw, (48): 717-738.

KWON D, KIM H, KIM J, et al., 2019. A survey of deep learning-based network anomaly detection [J]. Cluster Computing, (22): 949-961.

LASTRA M, MOLINA D, BENÍTEZ J, 2015. A high performance memetic algorithm for extremely high-dimensional problems [J]. Information Sciences, (293): 35-58.

LE A, LOO J, LASEBAE A, et al., 2012. 6LoWPAN: a study on QoS security threats and countermeasures using intrusion detection system approach[J]. International Journal of Communication Systems, 25(9): 1189-1212.

LEE J, KIM D W, 2015. Memetic feature selection algorithm for multi-label classification [J]. Information Sciences, (293): 80-96.

LEE W, FAN W, MILLER M, et al., 2002. Toward Cost-Sensitive Modeling for Intrusion Detection and Response [J]. Journal of Computer Security, (10): 5-22.

LEONARD J, XU S, SANDHU R, 2009. A Framework for Understanding Botnets[C]//International

Conference on Availability, Reliability and Security, Fukuoka, Japan, March 16–19: 917–922.

LI L, 2012. Feature selection for cost-sensitive learning using RBFNN [C]//International Conference on Machine Learning and Cybernetics. IEEE, Xian: 163–167.

LIAO H J, LIN C H R , LIN Y C, et al., 2013. Intrusion detection system: A comprehensive review [J]. Journal of Network and Computer Applications, (36): 16–24.

LIN H, CAO S, WU J, et al., 2019. Identifying Application-Layer DDoS Attacks Based on Request Rhythm Matrices [J]. IEEE Access, (7): 164480–164491.

LIU G, Bao H, Han B, 2018. A Stacked Autoencoder-Based Deep Neural Network for Achieving Gearbox Fault Diagnosis [J]. Mathematical Problems in Engineering, 5105709.

LIU H, LANG B, 2019. Machine learning and deep learning methods for intrusion detection systems: a survey [J]. Applied Sciences, 9, 4396, DOI: 10.3390/app9204396.

LIU M, MIAO L, ZHANG D, et al., 2014. Two-Stage Cost-Sensitive Learning for Software Defect Prediction [J]. IEEE transactions on reliability, 63(2): 676–686.

LIU X Y, WU J, ZHOU Z H, 2006. Exploratory under-sampling for class imbalance learning [C]// International Conference on Data Mining. Washington, DC, USA. IEEE Computer Society: 965–969.

LOZANO A C, ABE N, 2008. Multi-class cost-sensitive boosting with p-norm loss functions [J]. Proceeding of the 14th ACM. SIGKDD Conference on Knowledge Discovery and Data Mining, Las Vejas, Nevada, USA, August 24–27, ACM: 506–514.

MAHFOUZ A M, VENUGOPAL D, SHIVA S G, 2020. Comparative analysis of ML classifiiers for network intrusion detection [M]// Fourth International Congress on Information and Communication Technology (Springer).

MANNING C D, RAGHAVAN P, SCHÜTZE H, 2008. Scoring, term weighting, and the vector space model [M]// Introduction to Information Retrieval. Manning C D, Schütze H, Raghavan P. Cambridge, UK: Cambridge University Press, 100–123.

MCLACHLAN G J, 2004. Discriminant Analysis and Statistical Pattern Recognition[D]. Hoboken: John Wiley & Sons.

MEDVE E, BARTOLI A, 2007. On the Effects of Learning Set Corruption in Anomaly-Based Detection of Web Defacements [M]// Detection of Intrusions and Malware, and Vulnerability Assessment.

Hämmerli M B, Sommer R. Berlin/Heidelberg, Germany: Springer.

MESSAOUDA N, DALILA BO, 2015. A memetic algorithm with support vector machine for feature selection and classification [J]. Memetic Computing, (7): 59–73.

MIN F, HU Q, ZHU W, 2014. Feature selection with test cost constraint [J]. International Journal of Approximate Reasoning, 55(1): 167–179.

MINOR, 2010. The OWASP Foundation[J]. Available online: https://owasp.org/www-community/ Injection_Flaws.

MOSCATO P, TINETTIBLENDING F, 1994. Heuristics with a Population-Based Approach: A "Memetic" Algorithm for the Traveling Salesman Problem[J]. Argentina: Universidad Nacional de La Plata.

MOSCATO P, 1989. On evolution, search, optimization, genetic algorithms and martial arts: towards memetic algorithms [R]. Technical Report. Pasadena, CA.

NAJAFABADI M M, KHOSHGOFTAAR T M, CALVERT C, et al., 2017. User Behavior Anomaly Detection for Application Layer DDoS Attacks [C] // Proceedings of the 2017 IEEE International Conference on Information Reuse and Integration (IRI). San Diego, CA, USA, August 4–6: 154–161.

PATCHA A, PARK J M, 2007. An overview of anomaly detection techniques: Existing solutions and latest technological trends[J]. Computer Networks, (51): 3448–3470.

PATEL A, TAGHAVI M, BAKHTIYARI K, et al., 2013. An intrusion detection and prevention system in cloud computing: A systematic review[J]. Journal of Network and Computer Applications, (36): 25–41.

PAULA A, SILVA R , MARTINS M H T, et al., 2005. Decentralized Intrusion Detection in Wireless Sensor Networks[C] // Q2SWinet'05 – Proceedings of the First ACM Workshop on Q2S and Security for Wireless and Mobile Networks, Montreal. Quebec, Canada, October 13, ACM.

PEDRAJAS N G , GARCIA A D H , RODRIGUEZ J P, 2014. A Scalable Memetic Algorithm for Simultaneous Instance and Feature Selection [J]. Evolutionary Computation, 22(1): 11–45.

PUIG-ARNAVAT M, BRUNO J C, 2015. Artifificial Neural Networks for Thermochemical Conversion of Biomass[J]. Recent Advances in Thermochemical Conversion of Biomass: 133–156.

QIU J, WU Q, DING G, et al., 2016. A survey of machine learning for big data processing [J]. Eurasip

Journal on Advances in Signal Processing.

RABINER L, JUANG B, 1986. An introduction to hidden Markov models[J]. IEEE Signal Processing Magazine, (3): 4–16.

RADIVOJAC P, CHAWLA N, DUNKER A, et al., 2004. Classification and knowledge discovery in protein databases [J]. Journal of Biomedical Informatics, 37(4): 224–239.

RAGHAV I, 2013. Article: Intrusion Detection and Prevention in Cloud Environment: A Systematic Review[J]. International Journal of Computer Applications, (68): 7–11.

RAHUL A E, NARUKULLA S, 2018. Introduction to Data Mining and Machine Learning Algorithms [J]. International Journal of Research in Engineering, Science and Management.

RAZA S, Wallgren L, Voigt T, 2013. Svelte: Real–time Intrusion Detection in the Internet of Things [J]. Ad Hoc Networks. Elsevier, (9): 2661–2674.

ROWEIS S T, SAUL L K, 2000. Nonlinear Dimensionality Reduction by Locally Linear Embedding [J]. Science, (290): 2323–2326.

SAKIB M N, HUANG C, 2016. Using anomaly detection based techniques to detect HTTP–based botnet C&C traffific [C]// Proceedings of the 2016 IEEE International Conference on Communications (ICC). Kuala Lumpur, Malaysia, May 22–27: 1–6.

SAMRIN R, VASUMATHI D, 2017. Review on anomaly based network intrusion detection system [C]// 2017 International Conference on Electrical, Electronics, Communication, Computer, and Optimization Techniques (ICEECCOT). Mysuru, India, December 15–16, (201): 141–147.

SCHÖLKOPF B, WILLIAMSON R, SMOLA A, et al., 1999. Support Vector Method for Novelty Detection [C]// Proceedings of the 12th International Conference on Neural Information Processing Systems. Cambridge, MA, USA: MIT Press, 582–588.

SHIRANI P, SHIRANI P, AZGOMI M A, et al., 2015. A method for intrusion detection in web services based on time series[C]//Electrical & Computer Engineering. IEEE. In Proceedings of the 2015 IEEE 28th Canadian Conference on Electrical and Computer Engineering (CCECE). Halifax, NS, Canada, May 3–6: 36–841.

SHU Y, MING L, CHENG F, et al., 2016. Abnormal situation management: Challenges and opportunities in the big data era [J]. Computers & Chemical Engineering (91): 104–113.

SUN Y, WONG A K C, WANG Y, 2005. Parameter inference of cost-sensitive boosting algorithms [J]. Machine Learning and Data Mining in Pattern Recognition: 21-30.

SURENDAR M, UMAMAKESWARI A, 2016. InDReS: An Intrusion Detection and response system for Internet of Things with 6lowpan [C]// 2016 International Conference on Wireless Communications, Signal Processing and Networking (WiSPNET). IEEE, Chennai, India: 1903-1908.

SWETS J, 1988. Measuring the accuracy of diagnostic systems [J]. Science, 240(4857): 1285.

TAVALLAEE M, BAGHERI E, LU W, et al., 2009. A Detailed Analysis of the KDD CUP 99 Data Set [C]// IEEE International Conference on Computational Intelligence for Security and Defense Applications. Ottawa Canada, July 8-10. Piscataway, NJ, USA: IEEE Press: 53-58.

THANG T M, NGUYEN K V, 2017. FDDA: A Framework For Fast Detecting Source Attack In Web Application DDoS Attack [C]// the Eighth International Symposium on Information and Communication Technology, Nha Trang, Vietnam, December 7-8; Association for Computing Machinery: New York, NY, USA, SoICT, 278-285.

THOMAS R H, 2012. Living in an imbalanced world [D]. Notre Dame, Indiana: University of Notre Dame for the degree of Doctor of Philosophy.

TING K M, 2000. A comparative study of cost-sensitive boosting algorithms[J]. Morgan Kaufmann Publishers Inc: 983-990.

TING K M, 2002. An instance-weighting method to induce cost-sensitive trees [J]. Transactions on Knowledge and Data Engineering, 14(3): 659-665.

TOMOVI'C A, JANI ˇ CI'C P, KEŠELJ V, 2006. n-Gram-based classifification and unsupervised hierarchical clustering of genome sequences[J]. Computer Methods and Programs in Biomedicine, (81): 137-153.

TRILLO J R, HERRERA-VIEDMA E, MORENTE-MOLINERA J A, et al., 2023. A large scale group decision making system based on sentiment analysis cluster [J]. Information Fusion: 633-643.

TRIPATHI N, HUBBALLI N, 2018. Slow Rate Denial of Service Attacks against HTTP/2 and Detection[J]. Comput. Secur, (72): 255-272.

TRIPATHI N, HUBBALLI N, SINGH Y, 2016. How Secure are Web Servers? An Empirical Study of

Slow HTTP DoS Attacks and Detection [C]// In Proceedings of the 2016 11th International Conference on Availability, Reliability and Security (ARES). Salzburg, Austria, August 31–September 2: 454–463.

TSAI CF, EBERLE W, CHU C Y, 2013. Genetic algorithms in feature and instance selection [J]. Knowledge–based Systems, (39): 240–247.

TURNEY P D, 1995. Cost–sensitive classification: empirical evaluation of a hybrid genetic decision tree in duction algorithm [J]. Journal of Artificial Intelligence Research, (2): 369–409.

TURNEY P D, 2002. Types of cost in inductive concept learning [C]// Workshop on Cost–Sensitive Learning at ICML: 15–21.

UNIOVIEDO, 2020. kmeans. Available online [EB/OL]. (2020–05–17) [2023–08–12]. https://www.uniovi edo.es/compnum/labs/new/kmeans.html.

WANG G, HAO J, MA J, et al., 2010. A new approach to Intrusion Detection using Artifificial Neural Networks and fuzzy clustering[J]. In Expert Systems with Applications. Elsevier, (9): 6225–6232.

WANG L, CAO S, WAN L, et al., 2017. Web Anomaly Detection Based on Frequent Closed Episode Rules[C]//IEEE Trustcom/BigDataSE/ICESS. Sydney, NSW, Australia, August 1–4: 967–972.

WANG T, QIN Z, JIN Z, et al., 2010. Handling over–fitting in test cost–sensitive decision tree learning by feature selection. smoothing and pruning[J]. The Journal of Systems and Software, (83): 1137–1147.

WANG W, HE Y, LIU J, et al., 2015. Constructing important features from massive network traffic for lightweight intrusion detection [J]. IET Information Security, 9(6): 374–379.

WANG Y, LIU L, SI C, et al., 2017. A novel approach for countering application layer DDoS attacks [C]//2017 IEEE 2nd Advanced Information Technology, Electronic and Automation Control Conference (IAEAC), Chongqing, March 25–26, China: 1814–1817.

WEBB G I, BOUGHTON J R, WANG Z, 2005. Not So Naive Bayes: Aggregating One–Dependence Estimators[J]. Machine Learning, (58): 5–24.

WEI K, MUTHUPRASANNA M, KOTHARI S, 2016. Preventing SQL injection attacks in stored procedures [C] // Proceedings of the Australian Software Engineering Conference (ASWEC'06). Sydney, NSW, Australia, April 18–21: 8–198.

WEISS K R, KHOSHGOFTAAR T M, 2016. Investigating Transfer Learners for Robustness to Domain Class Imbalance [C] // 2016 15th IEEE International Conference on Machine Learning and Applications (ICMLA). IEEE: 207–213.

XIA X. PAN X. LI N, et al., 2022. GAN-based anomaly detection: A review[J]. Neurocomputing, (493): 497–535.

XIE Y, TANG S, 2012. Online Anomaly Detection Based on Web Usage Mining[C]. Proceedings of the 2012 IEEE 26th International Parallel and Distributed Processing Symposium Workshops PhD Forum, Shanghai, China, May 1–5: 1177–1182.

YAEL W, YUVAL E, LIOR R, 2013. The CASH algorithm-cost-sensitive attribute selection using histograms [J]. Information Sciences, (222): 247–268.

YAN H, LV Z, ZHAO Y, et al., 2014. Chaos genetic algorithm optimization design based on linear motor [C]// 17th International Conference on Electrical Machines and Systems (ICEMS). IEEE: 2265–2268.

YANG J, QU Z, LIU Z, 2014. Improved Feature-Selection Method Considering the Imbalance Problemin Text Categorization [J]. The Scientific World Journal, (17).

YAO H P, LIU Y Q, FANG C, 2016. An Abnormal Network Traffic Detection Algorithm Based on Big Data Analysis [J]. International Journal of Computers Communications & Control, 11(4): 567–579.

YU H, NI J, ZHAO J, 2013. ACOSampling: An ant colony optimization-based undersampling method for classifying imbalanced DNA microarray data [J]. Neurocomputing, (101): 309–318.

YU L, LIU H, 2004. Efficient Feature Selection via Analysis of Relevance and Redundancy [J]. The Journal of Machine Learning Research (JMLR), (5): 1205–1224.

YU S, GUO S, STOJMENOVIC I, et al., 2015. Fool Me If You Can: Mimicking Attacks and Anti-Attacks in Cyberspace[J]. IEEE Transactions on Computers, (64): 139–151.

YUAN G, LI B, YAO Y, et al., 2017. A deep learning enabled subspace spectral ensemble clustering approach for web anomaly detection [C] // International Joint Conference on Neural Networks (IJCNN). Anchorage, AK, USA, May 14–19: 3896–3903.

ZHANG J, 1999. AdaCost: Misclassification Cost-sensitive Boosting[J]. Proc. International Conf. on

Machine Learning: 97–105.

ZHANG O, HUANG L, WU C, et al., 2020. An effffective convolutional neural network based on SMOTE and Gaussian mixture model for intrusion detection in imbalanced dataset [J]. Computer Networks, (177): 107315

ZHANG Y, ZHAO Y, FU X, et al., 2016. A feature extraction method of the particle swarm optimization algorithm based on adaptive inertia weight and chaos optimization for Brillouin scattering spectra [J]. Optics Communications, (376): 56–66.

ZHAO H, MIN F, ZHU W, 2013. Cost-Sensitive Feature Selection of Numeric Data with Measurement Errors [J]. Journal of Applied Mathematics: 754–698.

ZHAO H, ZHU W, 2014. Optimal cost-sensitive granularization based on rough sets for variable costs [J]. Knowledge-based Systems, (65): 72–82.

ZHOU Z H, LIU X Y, 2006. Training cost-sensitive neural networks with methods addressing the class imbalance problem [J]. Transactions on Knowledge and Data Engineering, 18(1): 63–77.

ZHU Z, JIA S, JI Z, 2010. Toward a memetic feature selection prardigm [J]. IEEE Computational Intelligence Magazine.

ZHU Z, ONG Y S, DASH M, 2007. Memetic Algorithms for Feature Selection on Microarray Data [J]. Springer-Verlag: 1327–1335.

ZHU Z, ONG YS, DASH M, 2007. Wrapper-Filter Feature Selection Algorithm Using a Memetic Framework[J]. IEEE Transactions on Systems, Man, and Cybernetics- PartB: Cybernetics, 37(1).

陈果, 邓堰, 2011. 遗传算法特征选取中的几种适应度函数构造新方法及其应用[J]. 机械科学与技术, 30 (1): 124–132.

贺成彬, 2014. 基于张量分析的网络异常检测[D]. 太原: 太原科技大学.

靳燕, 2007. 代价敏感异常分类算法研究[D]. 太原: 太原理工大学.

李旭东, 赵雪娇, 2012. 矩形和椭圆内均匀分布随机点定理及应用[J]. 成都理工大学学报 (自然科学版), 39 (5): 555–558.

李雪岩, 李雪梅, 李学伟, 等, 2015. 基于混沌映射的元胞遗传算法[J]. 模式识别与人工智能, 28 (1): 42–49.

刘道华, 等, 2015. 一种混沌蚁群算法的多峰函数优化方法[J]. 西安电子科技大学学报 (自然科学版), 42 (3): 155-162.

刘华文, 2010. 基于信息熵的特征选择算法研究[D]. 长春：吉林大学.

陆英, 2018. Gartner: 2018年十大安全项目详解(一) [J]. 计算机与网络, (22): 50-51

唐明珠, 2012. 类别不平衡和误分类代价不等的数据集分类方法及应用[D]. 长沙: 中南大学.

王瑞琪, 张承慧, 李珂, 2011. 基于改进混沌优化的多目标遗传算法 [J]. 控制与决策, 26 (9): 1391-1397.

王智昊, 2013. 基于粒子群优化的自适应Memetic算法研究[D]. 济南: 山东师范大学.

赵欣, 2012. 不同一维混沌映射的优化性能比较研究[J]. 计算机应用研究, 29 (3): 913-915.

中国互联网络中心, 2023. 第51次中国互联网发展状况统计报告[EB/OL].（2023-03-24）[2023-12-14]. https://www.199it.com/archives/1573087.html.

中国信息通信研究院, 2019. 筑牢下一代互联网安全防线——IPv6网络安全白皮书[EB/OL].（2019-09-18）[2023-12-16]. https://www.cebnet.com.cn/20190918/102602071.html.

周家锐, 2014. 基于Memetic优化的高维代谢组特征数据智能加权算法研究[D]. 杭州：浙江大学.